教育部人文社科规划基金项目“海洋资源产权冲突及其治理规则的经济学研究
(编号 12YJA790072)”

财产理论及海洋资源产权冲突的经济学分析

李　强　施嘉岳　著

中国海洋大学出版社
·青岛·

图书在版编目(CIP)数据

财产理论及海洋资源产权冲突的经济学分析 / 李强，施嘉岳著. —青岛：中国海洋大学出版社，2015.5
ISBN 978-7-5670-0908-0

Ⅰ. ①财…　Ⅱ. ①李…　②施…　Ⅲ. ①海洋资源—产权理论—研究　Ⅳ. ①P74

中国版本图书馆 CIP 数据核字(2015)第 107330 号

出版发行 中国海洋大学出版社
社　　址 青岛市香港东路 23 号　　**邮政编码** 266071
出 版 人 杨立敏
网　　址 http://www.ouc-press.com
电子信箱 coupljz@126.com
订购电话 0532—82032573(传真)
责任编辑 于德荣　　**电　　话** 0532—85902505
印　　制 日照日报印务中心
版　　次 2015 年 6 月第 1 版
印　　次 2015 年 6 月第 1 次印刷
成品尺寸 170 mm×240 mm
印　　张 8.75
字　　数 167 千
定　　价 25.80 元

自序

本书的研究内容分为两个部分：一是财产权理论的梳理、回顾及评价，提出在当代市场经济条件下，财产权应该建立在经济效率的基础上的理论观点；二是依据财产权的经济效率理论，对海洋资源产权冲突的治理原则以及产权冲突个案进行深入剖析。

财产权或者财产关系，从本质上来说，都是社会历史发展的产物，因此，各种财产理论都是当时社会财产关系客观存在和发展的反映。从绝对财产观念到相对财产观念的转变，从功利主义财产理论到新制度经济学的产权分析，正是经济社会不同阶段财产关系不断演化的理论刻画和总结。我们从中可以发现社会财产关系变迁的一条基本路径，即财产权利从自然权利到主观权利再到客观权利的发展。这意味着财产权利与个人主观性的逐渐脱离，而更多地取决于社会的规定和需要，成为一种可以重新塑造的社会权利。因此，财产权的界定、划分、保护及财产权冲突的治理原则，也是随着社会经济发展变化以及时代需要可以重新调整的社会制度，并不存在所谓永恒的、唯一的财产权分配和占有规则。在当代市场经济条件下，财富的创造、经济效率的提高是全社会最大的利益所在，因而，当前的财产权制度应该建立于经济效率基础上，而各种财产权的冲突处理同样也要依据经济效率的原则，法律规则和法院审判也应该服从这样的规则。虽然效率不一定导向公平，但没有效率的公平也不是社会所希望的，况且公平本身并不是一个可以明确界定的观念。所以，本书在财产权分析中的维度主要是经济效率，而不是其他。

到目前为止，关于产权冲突的经济学文献主要集中在农地产权冲突、知识产权冲突以及产权冲突与制度变迁的关系等三个领域，而关于海洋资源产权冲突的专业文献较少。其实，由于海洋资源的特有的非排他性、立体性和联系紧密性，与一般的实物产权相比，海洋资源产权冲突行为发生的可能性更大。

在产权冲突发生时，产权的保护包括两个基本规则：财产规则与责任规则。一般认为，在交易成本很高以致双方无法进行谈判的情况下，责任规则优于财产规则；而在交易成本较低的情况下，财产规则优于责任规则。也有学者主张，只要法院对侵权损害的评价是系统无偏的，不存在系统的低估，无论双方是否可以谈判，责任规则都优于财产规则。而另外一些学者则认为在双方能够进行谈判的情况下，问题的处理最好适用财产规则，一方面由于法院经常系统地低估受害者的损失，另一方面责任规则不利于双方达成协议。到目前为止，在出现产权冲突时究竟应该采取哪一种规则，尚没有统一的结论。本书的研究表明，从经济效率的角度分析，海洋资源产权冲突的处理规则应以财产规则为主。而现实中责任规则的大量存在，并不是由于其存在效率上的优势，而是因为某些特殊情形下，财产规则已经无法对产权进行有效保护，只能采取事后的责任补偿而已。

海洋资源产权的界定和保护是我国海洋产业发展亟待解决的重要问题。多数学者认为，我国海洋资源管理的主要弊端是权属不清，所有权长期缺乏人格化代表，所有权、行政权、经营权混淆，海洋资源资产化管理的核心是资源产权问题。对现有海洋产权问题的研究，具体包括以下几个方面：对海洋矿产资源产权中产权主体垄断、资源利用率低及与其他海洋权利矛盾等问题的分析，对海域使用权的特殊性质的论证，对海洋渔业资源产权化管理体制的分析，对海洋旅游资源及沿海滩涂资源产权界定问题的探讨。总而言之，现有研究主要关注的是海洋资源产权的界定问题，对于产权冲突的研究主要集中于土地产权与知识产权方面，对于产权冲突与制度变革的关系也进行了一般性的探讨，但对于海洋资源产权冲突问题及其治理规则的研究较少。本书的研究期望能够在一定程度上填补海洋资源产权冲突研究这一空白，从而推进海洋资源产权制度的相关研究。

本书对海洋资源产权冲突的研究，采用个案研究和法经济学的分析方法，对造成海洋资源产权冲突的自然因素、制度因素以及经济因素进行深入论证和总结，对相应的冲突治理规则进行法经济学分析，为海洋资源产权制度的改进提供理论依据。研究结论对于提高海洋资源的利用效率、促进海洋经济的发展、填补海洋资源产权制度研究空白、完善海洋资源产权制度等具有重要的理论和实际应用价值。当然，本书的研究还只是对海洋产权冲突问题的一个初步探讨，期待着有识之士能够加盟到这个研究领域，推进相关问题的研究，为海洋经济时代作出贡献。

本书的每一部分内容都可以单独成篇，实际上，作者在写作过程中都是以相对独立的思路来安排的，感兴趣的读者只需按照自身的需要来阅读相应的部分即可，这样可以大大节省读者的时间，也符合本书所倡导的效率原则。

本书的出版要感谢教育部人文社会规划基金的支持（海洋资源产权冲突及其治理规则的经济学研究（编号 12YJA790072）），也要感谢学院领导、同仁的帮助，还要感谢中国海洋大学出版社编辑的辛苦劳动，在此一并致谢。

目　录

第一篇　财产理论探索

第二篇　案例分析与实践问题

第一篇　财产理论探索

马克思的财产起源理论及其意义

摘　要:财产关系的本质是生产中人与人的关系,必须置于生产力背景之下进行研究。原始公有财产制度的前提是共同体的存在和低下的生产力水平,私有财产则在原始社会末期伴随着家私有制而产生。从共同体作为原始公有财产的前提到单个的人作为所有者,正是原始财产制度解体和私有财产产生的过程,其根本动力在于生产力水平的提高。生产力的发展进一步造成了资本主义阶段劳动与资本的分离。马克思的财产起源理论为财产关系的研究提供了科学的视角。

关键词:马克思、财产起源、公有财产、私有财产

马克思主义经济学研究的对象是生产关系,即在社会再生产过程中所形成的人与人之间的各种关系。人们要维持自己的生存,就必须获得相应的吃、穿、住等生活资料,但首先是将它们生产出来,而在生产过程中,就必然会产生一定的生产关系,其中最重要的必然是以生产资料为核心的财产关系。从社会变迁的历史来看,人类的生存、发展和享受的状况与财产关系紧密联系,人类的命运随着财产关系的变化而变化,因而不了解这种变化的规律,就无法掌握自己的命运。因此,财产关系研究具有重要的社会意义,而马克思关于公有财产和私有财产起源的理论,则为财产关系的研究提供了科学的视角。

一、关于原始公有财产的起源

马克思对于财产起源的考察是从公有财产开始的,并对公有财产关系的几种类型进行了较为细致的研究。

1. 马克思认为原始公有财产是人类社会最早出现的财产关系,其产生的前提是共同体的存在。在这个前提之下,个人都把自己"当作所有者和同时也进行劳动的共同体成员",并且,"劳动者把自己劳动的客观条件看作是自己的财产;这就是劳动同劳动的物质前提的天然统一。因此,劳动者不依赖于劳动就拥有客观的存在","个人把自己看作所有者,看作自己现实条件的主人。个人看待其他个人也是这样"。原始共有财产就这样很自然地产生了,显然并非人为有意安排的结果,而是与当时的生产力发展状况相适应的。当时的情况是个

人无法离开共同体而生存，个人劳动的目的“不是为了创造价值……他们劳动的目的是为了保证个人及其家庭以及整个共同体的生存”，[1]471 因此，整个共同体的劳动条件和劳动成果自然地、同时也是必然地成为共同体的公有财产。因此，原始公有财产的原因归根结底还在于生产力的发展状况。

2. 原始公有财产关系形式并不是唯一的，而是存在三种典型的所有制形式。马克思认为，原始公有财产存在于三种原始所有制形式之中，第一种马克思称之为“亚细亚”的所有制形式，第二种马克思称之为“古代”的所有制形式，第三种则被马克思称为“日耳曼”的所有制形式。马克思以土地公有制为例，对三种所有制形式进行了说明。[1]472-482

三种所有制形式之间存在明显差别。在亚细亚的所有制形式中，实际上不存在个人所有，只有个人使用，而公社才是真正的所有者，土地只是作为公共的土地财产而存在；而在古代的所有制形式中，共同体(公社)“集中于城市而以周围的土地为领土”，[1]476 因而城市连同属于它的土地是一个经济整体，同时存在着国家土地财产和私人土地财产相对立的形式，而后者以前者为媒介；而在日耳曼的所有制形式中，单独的住宅所在地就是一个经济整体，这并非是许多所有者的集中，而是作为单独单位的家庭，因此，个人土地财产“不表现为以公社财产为媒介，而是相反，公社只是在这些个人土地所有者本身的相互关系中存在着。公社财产本身只表现为各个个人的部落住地和所占有土地的公共附属物”。[1]482

在这里，如果将三种具体的公有制形式看作是一种递进的和逐步演变的关系，那么明显，在财产形式演化的过程之中，存在一个由纯粹的公共财产向个人财产的过渡，其中共同体关于财产的各项权利逐渐向个人转移。而公有财产则是理解财产制度的起点，私有财产是公有财产的转化形式。这也正是马克思的深刻之处。

3. 原始公有财产的本质是对生产条件的关系，而不是消费条件的关系。马克思认为，“财产最初无非意味着这样一种关系：人把他的生产的自然条件看作是属于他的、看作是自己的、看作是与他自身的存在一起产生的前提”，[1]491 这里的“生产的自然条件”主要包括两个方面：一是人首先作为某个共同体的成员而存在，二是以共同体为媒介，公共土地同时也被看作是个人的占有物。因此，财产就意味着个人属于某一共同体，并以这个共同体把土地看作是它的无机体这种关系为媒介，个人把土地、把外在的原始条件看作是属于他的个体的前提和存在方式。那么显然，财产就可以归结为对生产条件的关系。在这里，马克思想要阐明的一个观点是，生产条件决定了财产关系的内容，或者说财产关系本质上是生产条件的一个反映，最终可以归结到生产力对生产关系的决定上。

4. 原始公有财产制度的局限性。很明显，原始公有财产所存在于其中的三种所有制形式都是以土地财产和农业作为其经济制度的基础，而经济的目的是生产使用价值，是在个人对公社的一定关系中把个人再生产出来。在这个再生产过程之中，"个人劳动的客观条件作为属于他所有的东西而成为前提，那么，在主观方面个人本身作为某一公社的成员就成为前提，他以公社为媒介才发生对土地的关系"。[1]483-484

不难发现，在这些所有制形式中，单个人对公社的原有关系的再生产以及他对生产条件的关系是发展的基础，而这种基础难以适应和容纳生产方式或者生产条件的变化，而随着社会技术、人口以及资源条件的变化，这些基础就会趋于崩溃和灭亡，"在罗马人那里，奴隶制的发展、土地占有的集中、交换、货币关系、征服等等，正是起着这样的作用，虽然所有这些因素在达到某一定点以前似乎和基础还相符合，部分地似乎只是无害地扩大着这个基础……在这里，无论个人还是社会，都不能想象会有自由而充分的发展，因为这样的发展是同原始关系相矛盾的"。[1]485换言之，这些所有制形式只能与有限的生产力的发展相适应，"生产力的发展使这些形式解体，而它们的解体本身又是人类生产力的某种发展。人们先是在一定的基础上——起先是自然形成的基础，然后是历史的前提——从事劳动的。可是到了后来，这个基础或前提本身就被扬弃，或者说成为对于不断前进的人群的发展来说过于狭隘的、正在消失的前提"。[1]497

5. 原始公有财产制度的破坏。既然财产关系取决于生产条件，那么随着生产条件的变化，以原始共同体为前提的原始公有财产关系就不能不发生改变。原始公有财产关系在奴隶制、农奴制出现后，就开始遭到破坏并逐步解体。在奴隶制、农奴制之下，劳动者本身表现为服务于某一第三者个人或共同体的自然生产条件之一，这样一来，财产就已经不是什么亲身劳动的人对客观的劳动条件的关系了，而奴隶制或者农奴制作为一种派生的形式，却是以共同体为基础的和以共同体下的劳动为基础的那种所有制的必然和当然的结果。

从共同体作为原始公有财产的前提到单个的人作为所有者成为共同体的前提，这样一个历史过程，正是原始财产制度解体的过程，也是一个"人的孤立化"过程，"交换本身就是造成这种孤立化的一种主要手段。它使群的存在成为不必要的，并使之解体。于是事情就成了这样，即作为孤立个人的人便只有依靠自己了"。[1]497

二、私有财产的出现

马克思对于私有财产，尤其是资本主义条件下私有财产的特征进行了详细的剖析，使我们对于私有财产关系的出现和演变过程的了解有了清晰的脉络。

首先是原始公有财产占优势的情况下，私有财产的出现，马克思并没有否认原始公有制条件下私有财产的存在；其次是私有财产在前资本主义时代的发展，进而原始公有制被私有制所替代；最后是私有财产关系在资本主义阶段的演变过程。

(一)私有财产的出现

在原始社会的初期，共同体通过集体劳动所获的食物还没有剩余，他们为了共同生存所必需的一切用具，包括个人用品在内，当然都只能为共同体的生存而存在，因此，就不存在所谓的个人私有财产。“只有到了野蛮时代的中级阶段，在狩猎的基础上逐渐开始饲养和繁殖牲畜以后，人们共同劳动所获的食物已经有了剩余，才有可能被个人据为己有”，[2]73 因此，正是由于畜牧业和农业的发展引起了社会关系的变革，最终导致了私有财产的出现。

私有财产的出现是与家庭的产生和发展分不开的。在人类共同劳动的过程之中，人的体力、智力以及劳动技术必然会得到逐步的锻炼和进步，这种生产力的发展就为劳动生产率的提高奠定了客观基础，“当劳动生产率提高到不再需要共同体的大规模集体劳动，只要在小范围中进行劳动就能够创造出满足人们生存需要的产品并出现剩余产品的时候，原始共同体也就开始向家庭这一经济单位过渡”。[3]52 这里的家庭显然是在人类由群婚制向个体婚姻制度转变后出现的，并且这样的家庭最初还不是完全独立的经济单位，土地等生产基本条件依旧归共同体所有和支配，但是这些生产条件的具体占有和使用却逐步由各个私人家庭来承担，因此，原始公有制的形式依然保持，但私人财产开始萌芽。恩格斯说：“耕地起初暂时地，后来便是永久地分配给各个家庭使用，它向完全的私有财产的过渡，是逐渐完成的，是与对偶婚制向一夫一妻制的私有制的过渡平行地完成的。个体家庭开始成为社会的经济单位了。”[4]56 可以这样讲，在原始公有制内部，开始出现家庭私有制的萌芽，而私有财产正是伴随着家庭私有制而产生的。实际上，家庭作为独立的经济单位而出现，就意味着私有财产的产生，两者只是同一种关系的不同表达。“家庭这一单位的出现，家庭在经济活动中的作用提高，实际上也就使原来大的共同体逐渐变为小的经济单位了，与此相联系，原来大范围中的公有产权关系也向小范围的私有产权关系演变。”[3]53 私有财产的出现，归根结底在于社会生产力的发展。所以，人类历史发展进程中，私有财产是在原始社会末期，伴随着家私有制的产生而出现的。

(二)前资本主义时期的私有财产

对于前资本主义时期的财产关系，马克思同样依据劳动者与生产资料的关系进行了考察，这种考察揭示了劳动者与生产资料由同一走向分离的历史过程，它们构成资本主义所有制的历史前提。

在奴隶制和农奴制中，“劳动者本身、活的劳动能力的体现者本身，还直接属于生产的客观条件，而且他们作为这种客观条件被人占有，因而成为奴隶或农奴”，“劳动者只是生活资料的所有者，生活资料表现为劳动主体的自然条件，而无论是土地，还是工具，甚至劳动本身，都不归自己所有。这种形式实质上是奴隶制和农奴制的公式”。[1]499、502 从财产关系的发展来看，财产的各种原始形式的出现是由于劳动者把“各种制约着生产的客观因素看作归自己所有这样一种关系”，而当劳动本身也被列为生产的客观条件之内时，奴隶制和农奴制便产生了。在马克思看来，奴隶制和农奴制的可能性已经包含在原始公有制财产关系之中，它们的出现是原始财产关系的一种自我扬弃。

小生产者的个人所有制是前资本主义时期财产关系的另外一种形式。在这种形式中，劳动者作为生产工具的所有者进行劳动，与这种劳动形式相联系的是行会同业公会制度等等。在马克思看来，小生产者凭借个人的特殊技艺成为劳动工具的所有者，也成为原料和生活资料的所有者，其劳动不再是土地财产的附属品，因此，小生产者的个人所有制就成为存在于土地财产之外的一种独立形式，成为原始财产关系的对立物，也可以视为奴隶制和农奴制的补充物。[1]501 实际上，在这里发生的事实是，劳动者与作为生产条件的土地之间的分离，其中包含着劳动者与生产工具进一步分离的可能性。

（三）资本主义阶段的私有财产

资本主义阶段的特征是劳动者与劳动条件的分离，即劳动与资本的分离，劳动者一方面不是作为生产条件的所有者而出现，如原始公有制下那样；另一方面，劳动者也不是作为劳动条件而存在，如奴隶制或农奴制那样。在这个阶段，作为劳动条件的生产资料为资本家所有，而劳动者则失去了生产资料，仅仅拥有本身的劳动力。因此，劳动对于资本的关系，或者说资本主义的财产关系，“是以促使各种不同的形式——在这些形式下，劳动者是所有者，或者说所有者本身从事劳动——发生解体过程为前提的”。[1]498 这个解体过程包括以下几个方面。

一是劳动者与土地的分离，导致个体农业的解体。在资本主义阶段之前，农业劳动者或者作为个体所有者拥有小块土地，或者作为土地的附属物为奴隶主或封建主劳动，从而本身也成为生产条件的一部分。作为所有者，很自然地把土地“看作自身的无机存在，看作是自己力量的实验场和自己意志所支配的领域”，因此，劳动者与土地是结合在一起的。但是，这种关系在资本主义阶段最终解体，作为所有者的劳动者失去了土地的所有权，成为单纯的主观存在，仅仅拥有自己的劳动力，而作为生产条件的土地则为资本家所有。

二是劳动者与生产工具的分离，导致个体手工业的解体。当劳动者还是他的工具的所有者时,劳动本身既是一种技艺也体现了劳动者的目的,因此,劳动形式表现为手工业劳动,同这种劳动形式相联系的是行业同业公会制度等,其中包括师徒制度。在这种形式中,劳动者与生产条件还结合在一起,没有出现资本与劳动的分离。因为,“作为行会师傅,他继承、赚得、储蓄这种消费储备(作为一种生产条件),而作为徒弟,他不过是一个学徒,还完全不是真正的、独立的劳动者,而是按照家长制寄食于师傅。作为(真正的)帮工,他在一定程度上分享师傅所有的消费储备。这种储备即使不是帮工的财产,按照行会的法规和习惯等等,至少是他的共同占有物等等”。所以,这时的劳动还是劳动者自己的劳动,而不是资本主义条件下为别人的劳动。

三是劳动者人身依附关系的解除,导致奴隶制或农奴制的解体。在奴隶制或农奴制中,“劳动者本身、活的劳动能力的体现者本身,还直接属于生产的客观条件,而且他们作为这种客观条件被人占有,因而成为奴隶或农奴”。在这种所有制中,劳动者显然不能够自由支配自己的劳动力,也不拥有任何生产资料,实际上,劳动者对于奴隶主或封建主存在这样或那样的人身依附关系,是作为一种私有财产而存在的,对于所有者来说,这些奴隶或农奴与其他的牲畜之间没有本质的差别。而在资本主义阶段,这样的关系就解体了,劳动者失去了生产资料,但获得了对自己劳动力的所有权。因此,“对资本来说,工人不是生产的条件,而只有劳动才是生产的条件。如果资本能够让机器,甚至让水、空气去从事劳动,那就更好。而且资本占有的不是工人,而是他的劳动,不是直接占有,而是通过交换来占有”。[1]499

上述历史过程的结果是,劳动客观条件与劳动本身的分离。对于劳动者来说,一方面,“他们唯一的财产就是他们的劳动能力,和把劳动能力与现有价值交换的可能性”;另一方面,“所有客观的生产条件作为他人财产,作为这些个人的非财产,和这些个人对立”。[1]504生产的主观条件此时表现为自由的工人,生产的客观条件此时则表现为资本,从而资本主义阶段表现为工人与资本的对立,“历史的过程是使在此以前联系着的因素相互分离;因此,这个过程的结果,并不是这些因素中有一个消失,而是其中的每一个因素都跟另一个因素处在否定关系中:一方面,是自由的工人,另一方面,是资本”。[1]506最终,资本主义的私有财产关系得以产生。资本主义阶段私人财产主要表现为与劳动者相对立的资本,尤其是货币财富,正是由于劳动客观条件与劳动本身的分离,才转化为资本,因为“作为货币财富而存在的价值,由于先前的生产方式解体的历史过程,一方面能买到劳动的客观条件,另一方面也能用货币从已经自由的工人那里换到活劳动本身”。因而资本无非意味着,“把它找到的大批人手和大量工具结合起来。资本只是把它们聚集在自己的统治之下”,并由此将奴隶制或农奴制下

不通过交换而对他人劳动的占有转化为“在交换假象的掩盖下来占有他人劳动”。[1]510-513

三、马克思财产起源理论的意义：研究财产关系的科学视角

马克思关于财产或财产关系的分析，始于人类社会生产方式的研究。财产关系首先是人对生产条件的关系，同时也是生产中人与人的关系，必须置于生产力不断发展的大背景之下进行研究。在对原始社会生产方式的研究时，马克思认为，在整个共同体的再生产过程之中，既包含了原有生产条件的再生产，也包括原有生产条件的破坏，“所有这些共同体的目的就是把形成共同体的个人作为所有者加以保存，即再生产出来，也就是说，在这样一种客观存在方式中把他们再生产出来，这种客观存在方式既形成公社成员之间的关系，同时又因而形成公社本身。但是，这种再生产必然既是旧形式的重新生产，同时又是旧形式的破坏”。[1]493-494 只有生产方式保持不变的情况下，旧的所有制形式，从而共同体本身才能保持原有的状态不变，否则，再生产出来的旧共同体中必然包含哪些改变了的生产条件，这些条件将使得共同体向其对立面转化。而这样的变化几乎是不可避免的，因为再生产过程之中，技术的进步、劳动的重新组合以及生产者自身的改造是必然要发生的，即使这样的变化很缓慢。这样的一个变化过程，决定了原始公有财产制度存在条件的破坏。“劳动主体组成的共同体，以及以此共同体为基础的财产，归根到底归结为劳动主体的生产力发展的一定阶段，而和该阶段相适应的是劳动主体相互间的一定关系和他们对自然的一定关系。在某一定点之前——是再生产。再往后，就转化为解体”。[1]495-496 在生产力不断进步的过程中，原有的财产关系必须进行调整，以适应和容纳生产力的新变化。

生产方式是划分社会形态的根本标准。任何社会的生产方式中，人与自然的物质变换关系即生产力始终是积极的主动的力量，而生产关系总是惰性的或被动的。因而物质生产力的变动必然与作为其社会形式的生产关系发生矛盾的运动，这种矛盾运动体现在微观层面上，必然表现为社会生产组织内部的财产关系的变化上，而体现在宏观层面上，可能表现为整个社会生产调节方式的转变、分配方式的变化等等，这些可以视为生产组织外部的财产关系，而宏观层面的变化在很大程度上也源于生产组织内部财产关系的变化。因此，必须从生产力和生产关系矛盾运动出发，才能揭示整个社会财产关系的演变过程和趋势，才能真正理解社会各个发展阶段的更替规律。

参考文献

[1] 马克思恩格斯全集(第 46 卷上)[M]. 北京:人民出版社,1979.
[2] 徐亦让,等. 人类财产发展史[M]. 北京:社会科学文献出版社,1999.
[3] 顾钰民. 马克思主义制度经济学[M]. 上海:复旦大学出版社,2005.
[4] 马克思恩格斯选集(第 4 卷)[M]. 北京:人民出版社,1995.

康德与黑格尔的财产权思想及其评价

摘　要：康德与黑格尔的财产权思想都建立在深刻的哲学理论基础之上，他们从人的自由意志出发，把私人财产权根植于人的本质之中，承认了人的自由权利，肯定了私人财产权的正当性。同时，他们认为这种财产权在自然状态中是暂时的和不稳定的，只有进入文明社会之后，在公共立法及相关机构的保护之下，才能获得安全的财产权。他们并没有将现实的财产权当作一成不变的权利，而是认为其现实的特征取决于社会的习惯或者人与人之间的协议。现实的财产权显然是法律的产物，这与国家的特征相联系。这也是两位哲学大家的深刻之处。但是，他们的财产权思想有严重不足之处。

关键词：财产权、自由意志、康德、黑格尔

一、康德的财产权思想

康德从人的自由出发，赋予了人的权利以绝对性和道德的尊严。而康德的财产权思想，也是从人的自由展开的。

首先，在康德看来，人"只有一种天赋的权利，即与生俱来的自由"，[1]50 这是一个人由于他的人性而具有的独一无二的、原生的权利。既然人生来就有这样一种天赋权利，因而人本身或者人的本质也就只能由这种天赋权利所定义，由此推论，人的本质就是自由。人们先天所拥有的这种权利，不会随着人们由自然状态进入文明状态而丧失，在这里，文明状态的含义是，"在那儿，每人对他的东西能够得到保证不受他人行为的侵犯"。[1]49

其次，自由为私人财产权的存在提供了必然性。自由，就是独立于别人的强制意志，按照康德的普遍法则，就是在不妨碍他人自由的情况下追求自身的利益。而享受财产则是这种自由的重要组成部分，因为作为"我的意志选择的一个对象，是我的力量范围内我体力上能够使用之物"。[1]55 在这种情况之下，如果宣称个人不可能拥有这个对象，即不能将其作为自己的财产，因此也就无法去动用这些外在之物，那么，意志的选择作用就被剥夺了，因为"可以使用的对象变成完全不能使用的了"。[1]56 因此，私人财产的存在就是必然的，即"把在我的意志的自由行使范围内的一切对象，看作客观上可能是'我的或者你的'，乃

是实践理性的一个先验假设”。[1]56 就此而言，财产权利与其说是对物的占有，不如说是对自身意志的确认。

再次，康德对于财产的概念进行了开创性的解释。康德区分了两种占有形式，即“感性的占有（可以由感官领悟的占有）和理性的占有（可以由理智领悟的占有）”，[1]56 前者显然是指对于某个对象物理意义上的占有或者持有，而后者是指“对同一对象的纯粹法律的占有”。[1]57 康德认为，仅仅凭借感性的占有，个人是无法获得财产权的，因为“我不能把一个有形体的物或者在空间的对象称为‘我的’，除非我能够断言，我在另一种含义上真正的（非物质的）占有它，虽然我并没有在物质上占有它”，[1]57 正如“我没有权利把一个苹果称为‘我的’，如果我仅仅用手拿住它，或者在物质上占有它，除非我有资格说：‘我占有它，虽然我已经把它从我手中放开，不管它放在什么地方’”。[1]57 其实，如果获得财产权需要凭借物质上的占有，那么任何财产权都可能是暂时的，因为个人一旦与占有的对象分离，就失去了占有物，或者为了保持占有而失去行动的自由。因此，财产权的产生显然是由于个人对于外在物的理性占有，即在纯粹法律上占有一个对象。

要使外在物成为财产，或者说要获得财产权，必须凭借理性的占有才能完成，而这种理性占有只有在文明的社会中，有了立法机关制定的法规才有可能。如果一个人声明某种外在物“是我的”，即他的私人财产，就意味着其他人未经他的同意不得动用这个对象，实际上等于向其他人强加了一种责任，而其他人是否接受这种责任的约束，则取决于声明者的同样的承诺，即不侵犯其他人占有的、属于其他人的对象。因此，“一个单方面的意志对于一个外在的因而是偶然的占有，不能对所有的人起到强制性法则的作用，因为这可能侵犯了与普遍法则相符合的自由。所以，只有那种公共的、集体的和权威的意志才能约束每一个人，因为它能为所有人提供安全的保证”，[1]68 这种状态就是一个文明的社会，其中存在公共立法、权威以及武力保障。而在文明社会之前的占有，从理性的角度来看，只能是一种临时的占有，这种占有在文明社会则成为实际存在的、有保证的占有。

因此，在康德这里，财产权的先验基础在于人的自由意志，这就使得财产权成了人的一项神圣权利。而财产权现实性则在于文明社会的出现和法律的保障，因此，从实践上看，财产权最终又是习惯和法律的产物。

二、黑格尔的财产权思想

康德之后的黑格尔，可谓集财产理论之大成者，他综合了康德的自由意志理论和洛克的劳动理论，以人格概念取代“天赋权利”概念，把人与生俱来的权利建立在自由意志实体的基础上，将财产权与人格权连在一起。黑格尔认为：财产权是自由意志的定在，一个人通过对物的占有而成为现实的存在；离开了财产权，个人自由、人格独立就是一个空洞的东西；平等的自由权利并不意味着平均占有财富，劳动是个人占有财富的基本方式。

第一，从人格的权利到财产的权利。在黑格尔看来，人就是自由意志，这一点与康德的思想一脉相承。作为自由意志，它是自在和自为地存在着的，与它相独立的东西则不具备这种性质，因而一切人都有权把他的意志变为物。换言之，他有权把物扬弃而变成自己的东西[2]52-53。因此，人有权把他的意志体现在任何物中，从而使该物成为“我的东西”，因为人具有这种权利作为他的实在性的目的，而物在其自身中不具有这种目的，它是从我的意志中获得它的规定和灵魂的。人的意志具有无限性，对于其他一切来说具有绝对性，从而人具有将一切物据为己有的绝对权利。黑格尔认为，人是一个理念的存在，必须给他的自由以外部领域。[2]50因此，财产不过是意志自由的外在表现，财产权的每一个方面实际上都是自由意志的深化和发展。

黑格尔认为，财产权之所以合乎理性，并不在于它能够满足人的需要，而在于它扬弃了人格的纯粹主观性。[2]50因此，人只有在财产权中，或者说在人的意志将外在物转变为人的意志的财产后，人的自我才真正与外部条件相分离，从而获得了人格的独立。从而，财产权与人的本质是紧密结合在一起的，因为人必须借外在物来实现自己的客观性，体现自己的理性。因此，通过占有外在的物而形成财产权是人的本性，“从自由的角度看，财产是最初的定在，他本身是本质的目的”。[2]54在黑格尔看来，人对于财产的占有是人格本身所具有的品质和能力，通过人的意志或者灵魂对于物的支配，物就具有了人的目的性，个人因此获得了外在的自由。

黑格尔认为，私人财产权具有必然性。因为自由意志首先是人的意志，而人是一个单元，人借助财产权给自己的意志以定在，所以财产权也必然成为这个单元的东西或者说私人的东西。

第二，关于财产的三种占有形式。人把自己的意志体现于物内，从而取得某物的财产权，不能仅仅停留在主观想象上，还必须满足一定的条件，这个条件就是对该物的现实占有和他人的承认。[2]59在这里，对物的现实占有成为他人承认的前提，即必须以外在的形式表现出某人对于某物的意志，从而使自己成为该物的合法所有人，其他人也因此不能占有已经属于别人的东西。

现实占有的方式是多种多样的，黑格尔论述了占有的三种形式。

一是直接的身体把握，其中包括通过身体器官对于某物的直接把握，也包括通过已经属于自己的东西与其他某物相联系。[2]62从感性方面来说，这种占有方式是最完善的,因为个人直接体现在这种占有中,从占有物中可以认识到个人的意志,但是这种占有的缺点也是明显的,即具有主观性和暂时性,并且在占有对象的范围上受到极大的限制。比如,仅仅依赖身体的直接把握,个人无法占有比其身体所接触到的更多的东西,况且物的范围往往超出身体把握的能力。显然,对物的直接的身体把握作为一种占有方式,不能够充分体现人的自由意志,即使借助于某些工具可以扩展这种占有方式的范围,也还是极为有限的。

二是给物定形,即通过个人的劳动对外物进行加工、改造和驯化等,使外物最终获得一种独立存在的外观。如耕种土地、栽培植物、驯养和保护动物、利用原料制成设备、制造工具等,这种占有方式的特点是主客观的统一性和经验形态的多样性。这种占有是"最适合理念的一种占有,因为它把主观和客观在自身中统一起来了"。[2]63

三是对物加上标志,这种方式并非现实的占有,但表明个人已经把他的意志体现于该物之内,目的在于排斥其他人的占有。[2]66 这一方式本质上是借助观念的占有,也因此超出了个人依靠身体所能占有的限度,是一切占有中最完全的。当然,其他占有方式也同样带有一定标志的作用,在个人把握某物或者给某物以定形时,其最终意义也在于设定一种标志,从而表明个人对于该物的意志。

第三,使用权与所有权的关系。黑格尔认为,使用对所有的关系与实体对偶性的东西、较内部的东西对较外部的东西、力对它的表现等等的关系是相同的,[2]68 因此,使用权就成为所有权的外部表现。如果谁拥有一物的完全使用权,即可以利用该物的全部范围,他就是该物的所有者;如果该物仅仅部分地或暂时地归某人使用,那么他就不拥有该物的所有权。因此,不存在具有完全使用权却不具有所有权的情况,那么所有权就是一种本质上排他的、自由的、完整的权利;财产的使用或者利用是所有权的外在表现,实际上也就是所有者自由意志的主观表现,它构成了占有的价值和意义。这种主观表现应该具有持续性,否则意志便不在物中,物就成为无主物,所有者也将因此而失去所有权,这就是因时效而丧失所有权。也就是说,要使某物依旧为我所有,我的意志必须在物中持续下去,而这种持续是通过对物的使用或者利用表示出来的。所以,因时效而丧失所有权建立在我已经不再把物看成我的东西这一推定上。

第四,关于财产的转让。财产体现了个人的意志,个人因此成为该物的所有者,他可以按照自己的意志来占有该物,当然他同样可以以自己的意志抛弃该物使它成为无主物,也可以改由他人意志占有该物。[2]73 抛弃物或者改由他人占有,都是个人意志的自由决定,这些都属于财产的转让。黑格尔从三个方面对物的转让进行了论述。

首先，一般物的转让是不受限制的，但并非一切东西都可以转让。“那些构成我的人格的最隐秘的财富和我的自我意识的普遍本质的福利，或者更确切地说，实体性的规定，是不可转让的。这些规定就是：我的整个人格，我的普遍的意志自由、伦理和宗教。”[2]73 这里涉及了一个关键问题：哪些权利是人的不可让渡的权利？黑格尔显然认为，作为一个人的本质的东西，如人格、意志自由等等，是不可让渡的，失去了这些，人本身就迷失了。人可以将他的身体及精神活动的个别产品转让出去，甚至他的身体和精神活动能力也可以在一定时间内转让给他人使用，但是人不可将他的全部时间和全部产品都转让出去，否则就失去了人之本质。

其次，精神产品的转让具有独特性。在精神产品的转让中，一般来说，原初的所有者并没有将其生产的普遍方式或者方法直接转让给他人，而是保留了复制其作品或者发明的权利，但是随着这些产品的转让，新的所有人便获得了该产品的完全使用权和价值，成为该产品完全和自由的所有者。这一转让的结果是，受让人在占有产品的同时，也占有了复制该产品的普遍方式和方法，而且表达了自己，即他将该产品所展示的思想和包含的技术发明变成了自己的东西。在这里的一个矛盾是，该产品的复制方式或者方法应该由谁来支配？黑格尔认为，精神产品的生产应该受到鼓励和促进，那么就必须保证从事这些事业的人免遭盗窃，“对他们的所有权加以保护，这与促进工商业最首要和最重要的方法在于保证其免在途中遭到抢劫，正复相同”。[2]77 因此，在精神产品的转让时，首先应该考虑的一个方面是，在不取消完全和自由所有权的条件下，该产品的所有权与复制该产品的可能性能否分离开来？如果两者是可以分离开的，接着应该考虑的问题是，原初精神产品创作者是把这种复制的可能性自己保留下来，还是把它作为一种价值出让了？这一点在转让过程中必须明确。总之，对于精神产品来说，复制的可能性是一个需要重视的因素，因为它直接影响精神产品的生产问题，黑格尔非常敏锐地注意到这一点。

最后，转让过程的契约性质。当一个人将他的财产转让给他人时，作为其意志定在的东西对他来说就变成客观的了。[2]81 同时，这一财产也成为他人的意志，这就使不同的意志得到了统一。这便是一种契约关系。

在黑格尔看来，占有、使用和转让构成了财产权的基本内容，它们是财产权的子权利，是不可分割的有机统一体。[3]257 财产作为意志的定在，是为他人意志而存在的他物；财产权表达的是各单个意志之间的关系，正是通过这一关系，自由得以定在。同时，意志对意志的关系又是一种中介，借助于它，个人不仅可以通过自己的主观意志和实物去占有财产，而且可以通过他人的意志，即在共同意志内去占有财产，也就是是通过契约而获得财产权。

第五，关于财产的不平等分配。黑格尔认为，人的需要和外在物之间是通过劳动来中介的，这一观点显然是受到了洛克劳动理论的影响。一方面，劳动具有必要性，“用不着加工的直接物资为数极少。甚至空气也要用力去得来，因为我们必须把它变成温暖。几乎只有水是例外，现成的水就可以喝。人通过流汗和劳动而获得满足需要的手段”。[2]209 同时，劳动具有特殊性，这种特殊性用来满足需要的特殊性，“劳动通过各色各样的过程，加工于自然界所直接提供的物资，使合乎这些诸多的目的。这种造型加工使手段具有价值和实用。这样，人在自己消费中所涉及的主要是人的产品，而他所消费的正是人的努力的成果”。[2]209 因此，通过劳动，个人的主观利己心转化为对其他人的需要满足有帮助的东西，即社会的财富。在财富的占有或分配上，由于人与人之间劳动技能的差别，必然表现为占有或者分配数量的差别。因此，在黑格尔看来，这种不平等的占有并非不公正，而是一种必然的结果，如果非要实施一种平均的分配制度，“这种制度实施以后短期内就要垮台的，因为财产依赖于勤劳”。[2]58 那么，如何理解人与人的平等呢？黑格尔认为，这种平等并非指占有财产数量的平等，而是指人们在占有来源上是平等的，即每个人都有占有财产的资格，每个人都必须拥有财产。每个人都必须拥有财产是一个普遍性的规则，而拥有多少则是特殊性的规定，“正义所要求的仅仅是各人都应该有财产而已”。[2]43

三、对康德与黑格尔财产权思想的评价

康德与黑格尔的财产权思想都建立在深刻的哲学理论基础之上，他们从人的自由意志出发，把私人财产权根植于人的本质之中，而人的这种本质——自由具有先验性，是无可反驳的，因而私人财产权的正当性也就是不可置疑的，承认了人的自由权利，也就肯定了私人财产权的正当性。同时，他们认为这种财产权在自然状态之下是暂时的和不稳定的，只有进入文明社会之后，在公共立法及相关机构的保护之下，才能获得安全的财产权。他们并没有将现实的财产权当作一成不变的权利，而是认为其现实的特征取决于社会的习惯或者人与人之间的协议。现实的财产权显然是法律的产物，这与国家的特征相联系。这也是两位哲学大家的深刻之处。但是，他们的财产权思想有严重不足之处。

其一，对于财产权的论述，出发点在于人的主观意志，完全抽去了具体的社会环境因素，因此，其分析也就只能局限于一种抽象的唯心主义分析阶段，缺乏对于现实社会的关照，也无法深入财产关系的具体细节。

其二，从人的意志自由到私有财产的过渡，存在逻辑上的跳跃。如他们所论，如果否定了私有财产，就是否定了意志对于该对象的自由选择权利，从而否

定了人的自由。事实并非如此。其实，对于某些对象，如果采取共有财产的形式，并不影响个人意志的自由选择，反而使所有人的意志自由都能够得到扩展，如公共道路、沙滩等。

其三，按照康德的普遍法则，在不妨碍他人自由的情况下追求自身的利益，是个人的与生俱来的权利，而财产权的获得同样不能与普遍法则相抵触。那么，在一个资源相对稀缺的社会中，一个人对于财产的占有越多，留给其他人的必然越少，这是否可以认为是对其他人追求自身利益的损害呢？康德的理论显然无法对此给予回答。

最后，从个人的自由意志出发，完全忽略的社会生产在财产关系变化中的决定作用，违背了历史唯物主义的基本原则。从财产关系的历史发展过程来看，财产关系只是社会关系的产物，在不同的历史阶段，由于人与人之间社会关系的差别，财产权的具体内容也存在重大的区别。因此，对于财产关系的研究，必须进行历史的分析。

参考文献

[1] 康德.法的形而上学原理[M].沈叔平译.北京：商务印书馆，1991.
[2] 黑格尔.法哲学原理[M].范扬，张企泰译.北京：商务印书馆，1962.
[3] 林喆.权利的法哲学[M].济南：山东人民出版社，2005.

功利主义财产权思想及其评论

摘　要: 功利主义认为财产的产生符合人类共同利益,增进了人类的功利水平。休谟把财产理解为对物的稳定占有,并对财产权的一般原则进行了分析。边沁则认为财产是人们实现预期的基础,通过对财产权具体原则的功利主义分析,为财产权立法奠定了基础。功利主义对当代财产理论产生了重大影响,但其本身还存在众多问题,如功利的衡量和比较、原则之间的矛盾和冲突等。

关键词: 功利主义、财产权、休谟、边沁

引　言

功利主义是对当代财产权理论影响最大的理论,其主要代表人物是休谟和边沁。功利主义在当代新制度经济学中得到了重新表述,形成了以经济效率为核心的财产权理论。

功利主义主张,正确的行为是那些能够给整个人类带来最大化功利的行为。休谟是最早研究财产理论的功利主义者,他把财产理解为对物的稳定占有。那么,是什么使得其能够稳定占有某物呢?答案是人类习俗。在休谟看来,人类习俗是有关共同利益的普遍理解。具体一点就是,人们清楚,倘如其他人不干涉其对特定物的占有,那么不干扰其他人对特定物的占有便符合他们的利益,其他人也能够同样理解。经过一段时间,稳定占有的事实和内心理解就形成了习俗。在共同利益上的功利解释了财产如何产生,还证成了关于财产的一些制度和财产法特定规则的合理性。边沁根据预期和功利对财产进行了更为细致的研究。边沁认为,即使动物也能够感觉到快乐和痛苦,但是跟动物不同,人类能够预期未来。当预期实现时,他们可以感受到快乐;当预期落空时,他们就会感受到痛苦。而财产则构成了人们预期的基础,通过保证与物相联系的预期,人们的功利得以提高。

不同的功利主义者可能对"功利"存在不同的理解,如快乐、幸福、福利、满足偏好等。因此,功利主义存在许多变种。财产权的效率理论可以看作是功利主义的一种变化形式,因为功利理论涉及功利的人际比较难题,而用效率来取

代功利可以绕过人际的比较。还有学者使用效用来替代功利或效率,形成财产权的效用理论。本文主要讨论休谟和边沁对于财产理论的贡献,并对边沁的财产权思想进行简单的评论。

一、休谟的财产权思想

休谟提出了财产权的三条基本规则——稳定财物占有的法则、依据同意转移所有物的法则和履行许诺的法则,并且认为经济社会就运行在这样的基础上,它是人类幸福和安定之所系,"人类社会的和平和安全完全依靠于那三条法则的严格遵守,而且在这些法则遭到忽视的地方,人们也不可能建立良好的交往关系。社会是人类的幸福所绝对必需的;而这些法则对于维持社会也是同样必需的"。[1]566在休谟看来,作为文明社会的制度基础,财产权的三条规则是极端重要的。只有严格地遵守正义,始终不渝地坚持财产权的三条规则,人们才能维持良好的社会交往,才能维系人类的幸福,才能走向"文明"。

(一)财产权一般规则的产生

休谟的论证始于这样一个前提,即人类天生就是社会性的动物,离开社会单个人无法生存。在休谟看来,人与其他动物的不同,表现在人的欲望与身体能力之间的不协调方面。"初看起来,最被自然所虐待的似乎是无过于人类,自然赋予人类以无穷的欲望和需要,而对于缓和这些需要,却给了他以薄弱的手段",因此,"人只有依赖社会,才能弥补他的缺陷"。[1]525休谟论证道:"当各个人单独地、并且只为了自己而劳动时,(1)他的力量过于单薄,不能完成任何重大的工作;(2)他的劳动因为用于满足他的各种不同的需要,所以在人和特殊技艺方面都不能达到出色的成就;(3)由于他的力量和成功并不是在一切时候都相等的,所以不论哪一方面遭到挫折,都不可避免地要招来毁灭和灾难。社会给这三种不同情形提供了补救。借着协作,我们的能力提高了;借着分工,我们的才能增长了;借着互助,我们就少遭到意外和偶然事件的袭击。"[1]526

人类必须组成社会。但组成社会并不容易,因为人类在自然性情方面的特征之一表现为人类的自私,这种自私使得人类在相互交往时必然产生情感上的对立。休谟并不否认人性中慷慨的一面,但他认为,这种高贵的情感同样可能引起人与人之间的情感冲突。[1]527休谟认为,人类的追求或者福利不过三种:一是人们心灵的满意;二是身体外表方面之优点;三是人们凭劳动和幸运所获得的所有物的享用。其中,第一种福利,是无法被剥夺的。第二种福利可以被其他人所剥夺,但剥夺这些优点的人却无法享受到任何利益。只有最后一种福利,"既可以被其他人的暴力所截取,又可以经过转移而不遭受任何损失或者变化;同时这种财富又没有足够的数量可以供给每个人的欲望和需要"。[1]528如此一来，人类的自私，加上财物占有的不稳定性和稀缺性，必须有一种限制和补救的办法，否则人类必生活于相互侵害之中。

补救方法是人们“缔结了戒取他人所有物的协议”。[1]531 这一协议是如何产生的？按照休谟的观点，在人们的相互交往中，人们会获得一种一般的共同利益感觉，这种感觉将诱导人们以某些规则来调整自己的行为。“我观察到，让别人占有他的财物，对我是有利的，假如他也同样地待我”，[1]530 在这种感觉和经验的基础上，关于财物稳定占有的规则逐渐发生，并获得相应的效力。这样的规则，“使我们对他们行为的未来的规则性发生一种信心；我们的节制和戒禁只是建立在这种期待之上”。[1]531

关于财产权的起源，休谟认为，正义的起源说明了财产的起源，没有独立于正义之外并在正义之前存在的财产权。休谟认为，财产权并不取决于物品的自然属性，“财产权并不成立于对象的任何一种可以感知的性质。因为这些性质可以继续同一不变，而财产权则有变化”。[1]567 因此，财产权的成立必然由于该物品所引起的某种关系，这种关系不是物与物之间的关系，“这种关系不是对其他外界物体和无生物的关系。因为这些关系也可以继续同一不变，而财产权则有变化。因此，这种关系是成立于对象与有理智、有理性的存在者的关系”。[1]567 显然，在这里休谟所理解的财产权涉及的是人与物之间的关系，但这种关系不是人与物之间的外在的、有形的关系，而是某种内在关系，即“对象的外在关系对心灵和行为所加的某种影响”。[1]567 比如，最初占有作为一种人与物之间的外在关系，其本身并不是财产权，只是财产权产生的依据。但是由于这种外在关系的存在，“它给予我们一种义务感，使我们戒取那个对象，而把它归还于其最初的占有者”，“在人们缔结了戒取他人所有物的协议、并且每个人都获得了所有物的稳定以后，这时立刻就发生了正义和非义德观念，也发生了财产权、权利和义务的观念。不理解前者，就无法理解后者。我们的财产只是被社会法律、也就是被正义的法则所确认为恒常占有的那些财物”。[1]531 在这里，休谟重申了他的正义起源于人为措施和设计的观点，这一观点也适合于财产权方面。在休谟看来，保护私人财产权与社会正义互为表里。“正义只是起源于人的自私和有限的慷慨，以及自然为满足人类需要所准备的极少的供应。”[1]536

财物稳定占有的规则是财产权的一般规则。这一规则的主客观条件是：客观条件是财物的稀缺性和占有的不稳定性，主观条件是人类的自私和无穷的欲望。这种主客观条件所导致的纷争是不可避免的，只有引入财产权的一般规则才能消减这些冲突。

（二）财产权获取的五种途径

财产权的一般规则体现了财产权对于社会存在和发展的重要性，说明和私有财产产生的必要性，但是，仅有这些显然是不够的，作为财产的一般理论，必须能够解释财产权获取过程的合理性或正当性，否则关于财物的争端是无法消减的。休谟为此论述了确定财产权的五个具体规则。

财产权确立的最初规则是现实占有。休谟说："当确立社会和稳定财物占有的一般协议缔结以后，他们遇到的第一个困难就是：如何分配他们的所有物……最自然的办法就是，每个人继续享有其现实占有的东西，而将财产权或者永久所有权加在现前的所有物上面。"[1]544 显然，让个人继续享有其现时占有的东西，这是个很容易得到人们同意的办法，也是确定最初财产权的成本最低的办法。但是，这个办法只适合社会最初形成的时期，"永远遵守这个规则，就会非常有害。这个规则会排除财物的偿还，而且使各种非义行为都得到认可和奖励"。[1]545 因此，在社会最初的财产权确立之后，还需要其他的规则来确定财产权。

先占是确立财产权的一项重要规则。休谟认为，把财产权附加于最初的占有或占领之上，原因之一是避免财产权的悬空，这样的悬空将给暴力和纷乱打开门路。原因之二是，只有承认最初的占有，后续的占有才能得到承认。[1]546 对于洛克所论证的劳动理论，休谟持反对的态度。可见，将财产权赋予先占者，完全处于减少纷争的功利考虑。关于先占的含义，休谟认为并非那么容易确定，其强度方面存在一定的变化区间，取决于该占有者对于所欲占有之物的控制程度及该物的范围大小。如果该占有者对于该物具有较高的控制程度并且该物不超出其直接占有范围，那么，该占有者可以获得该物的财产权。否则，应该允许其他人获得该物的财产权。

时效或者长期占有是获取财产权的另一个途径。休谟说道："我们不能永远追溯事物的最初起源，以便判定它们的现状。任何很长的一段时间把一些对象放在那样辽远的距离之外，以致那些对象在某种意义上似乎失去了它们的实在性，并且对心灵几乎没有什么影响了，就像它们从来没有存在过一样"，"一个人的权利在现时是清楚而确定的，可是过了五十年以后，就似乎是模糊和可以的了，即使它所根据的事实是可以千真万确地被证明的"。[1]549 在这里，休谟的意思是，一个人的财产权可以因为长时间的不行使而丢失，一个人也可以因为长时间的占有而获得财产权，即使这个物品最初为别人所有。其中的原因在于，时间已经成为最初财产权追溯的障碍，这样的追溯显然既不可靠也不合算。

添附是获取财产权的第四条途径。"当某些对象和已经成为我们财产的对象密切联系着、同时又比后者较为微小时，于是我们就借着添附关系而对前者获得财产权。"[1]549 之所以能够如此，休谟认为这是适合人们想象或者观念的结果，因为对于这些联结的对象，"我们在判断它们时并不加以分别；尤其是当后一个对象比前一个对象微小的时候,更是如此",[1]550 因此,"以财产权加于添附物,只是观念关系的结果,只是想象顺利推移的结果"。[1]551

最后一种获取财产权的方式是继承。休谟认为,继承权是一种很自然的权利,一方面,人们愿意将自己的财物传给他们最亲近的人,而且如果允许这样,人们就会变得更加勤奋和节俭。

(三)关于财产权的自愿交换

在休谟看来,人类的文明和协作除了需要财产的稳定外,还需要财产的转移。因为在财产权确定规则之下,人们只是"遵循那些可以较为一般地应用的、而又较少怀疑和不定的规则",即"社会初始成立时的现实占有;后来又有占领、时效、添附和继承",而"适合性或适应性永远不该在考虑之列"。这种做法虽然保持了财产稳定和社会秩序,却伴有重大的不便:因为这些规则"在很大程度上决定于机会,所以往往与人类的需要和欲望都发生矛盾;而人和所有物的关系必然往往调整得很不好",[1]554 故而需要采取补救措施。在这里,休谟的意思是,依据五项规则而确定的财产虽然保证了占有的稳定,但无法保证占有的效用,或者占有物适合占有者的需要,所以需要一种办法对财物的占有进行调整。

当然这种调整的方法不能是暴力性的,如果让每一个人用暴力夺取他认为合适于自己的东西,那就会毁灭社会;而是要在"僵硬的稳定性和这种变化不定的调整办法之间、寻找一种中介",[1]554 这种中介就是建立在同意基础上的财产转移。休谟在这里特别强调的是一种自由交换的制度,这样一种和平的财产转移方式,既可以保持财产占有的相对稳定,避免因暴力争夺财产而引起的争斗和纷扰,又可以补救财产稳定占有这种刚性原则的不便,更好地调整人与物的关系。如果没有财产转移原则作为补救,财产占有的稳定所带来的利益是很有限的:"所有物虽然稳定了,但是人们若是占有自己用不着的大量财物,而同时又苦于缺乏其他物资,那末他们由这种稳定所能获得的利益仍然很小",[1]560 而依靠交换使财产权更富有功能性。在休谟看来,财产转移是基于"自然法"的,它在调整财产方面可以达成许多良好的目的,是人类福利的源泉:"地球上各地产生不同的商品;不但如此,而且不同的人的天性适合于不同的工作,并且在专门从事于一种工作时会达到更大的完善程度。所有这些都需要互相交换和交易;因此,根据同意转移财产这件事、是根据于自然法的。"[1]555

(四)关于财产交换中的契约关系

依据自愿而进行的财产权转移是市场经济的基本原则,也是最容易为社会所接受的原则。但是,由于交换本身的多种形式以及财物的不同特征,财产转移可能发生在达成交换意愿之后。譬如,你现在给我一只羊,我待小鸡长大后再给你四只鸡作为交换;再譬如,你的谷子今天熟,我的谷子明天熟,于是今天我为你劳动，作为交换，明天你为我劳动。尤其是在土地和房屋的交换方面，具体交付行为都发生在达成交换意愿之后。在这种情况下，由于交换行为不能同时发生，“其中一方就只好处于一种不确定的状态，依靠对方的感恩来报答他的好意”。[1]560但是，根据人类的自私本性，我们知道这种保障是很薄弱的。于是，我们就会取消这种交换行为，因为我们并不能依靠他人的感恩。“这样，人类的相互服务就可以说消灭了，而每个人都得凭自己的技巧和勤劳来求谋幸福和生存了。”[1]560作为结果，人类的幸福和文明也就无从实现了。在这种情况下，为了使交换关系得以广泛的、顺利的展开，人们遂发明了“正义”的第三条原则——“许诺”。在休谟看来，许诺是为了克服交换关系的内在缺陷而虚构出来的一种意志行为，它表达了让自己处于约束之下的意愿和决心：如果失约的话，他将受到失信的惩罚。这样便产生了对作为契约的许诺的信守，并以之作为人类经济交往的保障。在这个意义上，交换经济就是一种建立在诚信基础上的契约经济。休谟认为，作为一种发明，许诺“不应该被认为是超出人性的能力之外的”，[1]562而且不论人性处于如何野蛮和不开化的状态，只要对世事稍有了解，最短的社会经验也会使人们感觉到制定并遵守许诺的巨大利益，因而“利益是履行许诺的最初的约束力”。[1]563

二、边沁的财产权思想

边沁基于功利主义思想，对财产权的产生、作用以及具体的财产规则进行了比较全面的论述，是功利主义财产理论的集大成者。

（一）关于所有权的产生

边沁的观点很明确，“并不存在什么自然所有权这回事，所有权完全是由于法律才产生的”，[2]138“所有权的观念是一种已经确立的预期，是从所有物在有关情况下得到这样或那样的利益的信念。这一信念，这一预期，只能是法律的结果”。[2]139那么，边沁又如何解释在法律产生之前，社会所存在的财产占有现象呢？按照边沁的观点，在原始状态之中，对物的占有存在两种情况：一是占有者凭借个人的能力，来保证自己对于这些财物的享用，并且这种情况“从来就有，将来也会一直有……但是，这种情况的数目是非常有限的”，[2]139因为这样的所有权是“可怜和靠不住的”；二是在人与人之间达成互相尊重对方所得的最初的协定，这个协定实际上就是一个所有权的规则，按照边沁的理解，这个规则只能称之为法律。因此，边沁说：“所有权和法律一起出生，一起死亡。在法律制定之前，没有所有权可言，法律一旦消失，所有权也就不复存在。”显然，法律的重要作用之一就是保障所有权的安全。

（二）关于所有权的作用

边沁认为存在多个方面的作用，其中最重要的作用是稳定人们对未来的预期，“所有权不过是一种期望的依据，从我们被认为拥有的某一事物中，根据我们与这一事物所处的关系我们产生了得到某些利益的期望”。[2]138 通过稳定人们的预期，所有权能够激励人们更加努力地工作，依靠自己的勤劳和劳动而成为“财富的候选者”。因此，边沁认为，侵犯所有权就是对勤劳的扼杀，“一旦我不再能够确信可以获得我的劳动成果，我就会试图过一天算一天”。[2]138

（三）关于所有权的法律

边沁认为最重要的原则是安全原则，因为安全原则适用于所有预期的维持。预期是边沁的理论之中的一个重要概念：“人和动物不同，无论痛苦还是幸福都不限于现在；他能感觉到预期中的痛苦和快乐，仅仅保证他不受现时的损失还是不够的，还必须保证他尽可能地不受未来的损失”，“正是因为这种期望，我们才有能力形成普遍的行为计划；……期望是一条纽带，将我们的现在和我们未来的存在联系起来，并且超越我们知道下一代”。[2]137 而财产的作用正是在于维持一种对未来的合理预期，所以，安全原则是关于财产的第一原则。显然，占有的安全是发挥财产维持预期作用的基础，因此，当安全与平等发生冲突时，“平等必须服从安全。安全是生活的基础，生计、富裕、幸福，所有这一切都有赖于它”。[2]148

（四）对于财产权具体原则的功利主义分析

仅仅从总体上分析财产权的必要性是远远不够的，要使理论具有应用性，必须对财产权的具体原则进行进一步的剖析。边沁基于功利主义的基本原理，对财产权的获取和分配原则作了比较全面的分析。

关于原初占有作为财产权基础的分析。边沁认为，将原初占有作为财产权获取的基础，存在以下几个方面的好处：首先，占有者免除了失望的痛苦，即如果剥夺了他首先占有的一件东西，他的感受必然由快乐状态转化为痛苦的状态，违反了功利原理；其次，这个原则避免了一系列的竞争，即在最初的占有者和为了占有财产的其他角逐者之间的竞争，从而减少了不必要的资源浪费和冲突；再次，“产生了某种快乐享受，而如果不是将这一权利授予第一个发现者，这种快乐享受就不会存在；因为假如第一个占有者没有所有权的话，他就会害怕失去他发现的东西，不敢公开享用这个东西”，[2]194 从而这个东西对占有者就失去了任何价值；第四，这是对发现者的一种激励，这种激励会导致社会普遍的富裕，因为人们愿意去追寻相似的快乐；最后，“假如未被占用的东西不归属第一个占有者，它们就永远是最强者的猎物，弱者将永远受欺压”。[2]194

关于时效占有作为财产权基础的分析。边沁认为，“诚信的古代占有”，即

“在法律规定的一段特定时期后应该胜过所有其他权利的财产占有”，因为，“如果你任那段时光流逝而没有提出权利要求的话，这就证明：要么你不知道你的权利存在，要么你没有意图利用该权利。在这两种情形之下，你这一方对于得到财产没有期望，没有欲望；我这一方则有保留该财产的期望和愿望”，[2]195因而将该财产归于诚信占有者，不会给其他人带来损害，而诚信占有者则获得了占有的快乐和享受。同时，边沁补充提出了两个问题，一个是时效占有时间长度并没有整齐划一的标准，应该依据财物的种类和价值来确定；另一个是时效占有应该是诚实的占有，即占有者相信自己拥有权利，恶意占有不在此列。边沁的这种分析，为后来的经济学分析奠定了基础。

关于添附作为财产权基础的分析。在边沁这里，添附分为两类：一是对自我财产的改善，二是对他人财产的改善。前一种情况下，所有者的“辛勤劳动赋予了它们新的价值，并且我增添了对它们的依恋和一直拥有它们的希望”，[2]198只有让它们归属所有者才能增加其幸福，符合功利原理。困难在于后一种情况，即当“我对别人拥有的财产付出劳动，把它当成属于自己的财产那样”时，这个财产的权利应该如何归属？边沁基于功利理论的回答是：“把实物给予如果其要求被拒绝就会遭受更大损失的要求者，然而是在给予其他人足够赔偿的条件下。”[2]199

（五）关于财产权交换的功利主义分析

法律应该允许财产权的让渡和交换吗？边沁的回答是：“出让财产行为一定增加了有关各方的快乐。获得者获得了给予者过去所享受的利益，而给予者获得了一种新的利益”，因此，“任何转让都带来了利益”。[2]205这里的转让显然指的是自愿转让。边沁指出了交换过程中剩余利益的存在：“对缔结合同的任何一方，利益都是付出东西的价值和索求东西的价值之间的差价。在每一个交易中都有两批快乐。商业的善由此构成。”[2]205

边沁还对交换应该无效的九种情况进行了功利主义分析。其中包括：隐瞒、欺骗、强迫、收买、错误的法律义务观念、错误的价值观念、无能力、可能对公众造成的麻烦、给予一方的权利缺乏等。

三、对于功利主义财产权思想的评价

休谟关于财产权三个基本原则的思想完全被边沁所继承。作为功利主义的集大成者，边沁在继承休谟理论的同时，更加突出了财产权的功能性和工具特征，通过对财产权具体原则的功利主义分析，为财产权的立法奠定了基础。按照边沁的功利主义原则，无论财产采取何种形式，只要有利于社会大多数人的最大幸福，都是应该接受的。因此，边沁的财产权思想一方面为私有财产提供了合理性的论证，另一方面，也为国家对于私有财产权的干预和公有财产的存在提供了正当性基础。但是,边沁的财产权思想存在以下几个方面的问题。

一是功利的衡量问题。波斯纳对功利主义进行了批判性的解析,认为功利主义存在以下几个方面的问题:[3]53 首先是功利主义的边界问题。功利主义应该考虑谁的幸福最大化,是本国人还是包括外国人?是目前的活人还是包括未出生者?如果将外国人及未出生者包括在幸福最大化的人口之中,在诸如人工流产、收养、储蓄、投资、环保等方面将会得出很不相同的政策。其次是功利主义的目标是最大化幸福的平均值还是幸福的总量,这一点功利主义者无法明确地回答。如果是最大化幸福的平均值,那么将一国贫困人口的一半清除掉,剩下的那一半生活标准会大幅度提高,这样一种暴行就成为正当的,但幸福的总量可能减少。反之,高生育率可能导致人均幸福的下降,但幸福总量却可能上升。再次是没有一种可行的办法来计算幸福的数量,也没有可靠的技巧来比较不同个体的满足程度。正如哈耶克所说,实行功利主义的前提是无所不知。最后,由于功利主义的上述缺陷,可能使得功利主义者提出一些相当"可怕"的政策建议,如过多的国家干预以及牺牲无辜个体的利益等,个人自由的领域可能被功利主义大举侵入。

二是边沁财产权思想中存在着悖论。边沁认为财产权的安全原则比之于其他原则尤为重要,因为这样的占有才能维护占有者的期望,由此边沁反对任何为了再分配目的而侵犯他人的财产。但是,边沁又认为,财产对于人所产生的快乐是边际递减的,因而富人从一元钱中所得的快乐少于穷人从一元钱中所得的快乐。那么,在财产占有方面越是平等,社会的幸福总量将越大。因此,在安全和平等之间产生了对抗。显然,这一矛盾是应用同一个功利原则所引发的,因此,在边沁这里,这个矛盾也是无法有效克服的。

三是边沁的财产权思想期望以单一的功利原则为基础,来建构所有财产制度,为所有的财产规则提供基础,显然是无法达到的。比如,对于财产收入的合理性,功利主义不能提供有说服力的证明。[4]179 同时,对占有安全的关心也未必支持增加一个人多占财产份额的权利,因为对占有更多财富抱有期望,必然对其他人的那些没有得到满足的愿望构成不利。

参考文献

[1] 休谟. 人性论[M]. 关文运译,北京:商务印书馆,1980.

[2] 边沁. 立法理论[M]. 李贵方,等译,北京:中国人民公安大学出版社,2004.

[3] 理查德·A. 波斯纳. 正义/司法的经济学[M]. 苏力译,北京:中国政法大学出版社,1983.

[4] 克里斯特曼. 财产的神话[M]. 张绍宗译,桂林:广西师范大学出版社,2004.

相对财产观念的发展：20 世纪以来的财产理论

摘　要：近现代以来，学者们从政治哲学、法哲学以及经济哲学等方面对财产关系进行了深入研究，并揭示出一条从绝对财产观念到相对观念演变的轨迹，其中从 17 世纪到 19 世纪，是以绝对财产观念为核心的财产理论兴起和发展的时期，而进入 20 世纪以来，以相对财产观念为核心的财产理论则开始出现并成为财产理论的主流。

关键词：绝对财产、相对财产、财产理论

随着绝对财产权利观念的兴起，西方国家获得了空前的发展，宪政改革、代议制政府、普选权的扩大以及大规模的工业化，成为资本主义成就的重要标志。但是，自由化和工业化所造成的贫富悬殊和公正之缺失也在 19 世纪末达到了无以复加的地步，毫无限制的自由竞争最终所造成的资本垄断以及两极分化，足以摧毁自由竞争制度本身。特别是 1929 年的世界性的经济危机以及带来的此后长期的经济大萧条，更加暴露了建立在绝对财产理念之上的自由市场和资本主义制度本身的缺陷。

19 世纪中后期严峻的贫富分化和对立现实，社会主义运动的蓬勃开展，开明思想家对不择手段追求财富的抨击和警告，逐渐扭转了西方社会的财产观念，使 20 世纪成为一个规范财产权的时代。[1]绝对财产观念的批判来自伦理学家、政治经济学家以及法学家，他们期望能够在社会公正、社会利益和财产权利之间找到一种平衡，从而超越传统的绝对财产观念。这些财产思想促使相对财产观念在 20 世纪逐渐成为主流，并成为社会现实。

从伦理道德的角度来论证财产最有影响力的要数约翰·罗尔斯的《正义论》。罗尔斯的道德哲学是借助于人们在原初状态的理性选择展开的。按照罗尔斯的逻辑，制度的道德正当性取决于其依据社会正义原则而建构，而正义原则是那些在“原初状态”中理性、自利之人的选择。在这种假设的环境中，人们被剥夺了关于其自身的欲望和禀赋、其阶级或身份以及国家发展程度等方面的知识。在这种“无知之幕”背后，他们尽管熟悉有关人类社会的一般事实、熟悉

经济学规律以及其他社会科学，却不能为其自身的利益制定原则，因为他们不知道其自身的利益。在这种状态下，人们将会选择下面这些原则。

第一个原则：每个人都有同等的权利拥有最广泛的基本自由，而其所拥有的自由要与他人拥有的相等自由能够相容。

第二个原则：社会和经济的不平等应该这样安排，使他们既能符合最少受惠者的最大利益[差别原则]，又能依据公平的机会平等条件向所有人开放职务和地位[机会平等原则]。

这些原则服从于一定的优先规则。一个是第一个原则的优先性：自由只能为了自由才能被限制，而不能是为了社会和经济利益；另一个是机会平等原则优先于差别原则。罗尔斯认为，他主张的这些原则应该体现于未来的立宪、立法和行政的过程中。正义的第一原则涵盖了一些特殊类型的财产——"人的基本自由"，[2]对于这些财产，社会中的公民应该享有平等的权利。差别原则允许在其他类型的财产上存在不平等，但只有在他们能够最大限度地促进最少受惠者地位的条件下。

我们不难发现，在罗尔斯这里，首先是对社会平等和公正的关注，财产的占有和分配必须建立在平等和公正的基础上，因而财产权利就不可避免地带有了相对性的特征。罗尔斯甚至主张将人的天赋才能社会化，[3]即那些拥有较高才智的人不应该因此获得特殊的利益，他们的才智应为公共利益而使用，这些才智应该成为公共财产。罗尔斯的理论受到了很多哲学家和心理学家的欢迎。

绝对财产观念也受到政治经济学家的批判。约翰·斯图亚特·穆勒从两个方面对绝对财产观念提出了疑问：一是财产所有者的后代是否应该对其继承的财产拥有无限制的权利，二是将土地当作没有限制的私人财产是否正当。关于财产继承问题，穆勒认为应该限制继承者获取遗产的数量；而关于土地，穆勒认为其财产权应该受到国家的限制，因为土地并不是人类劳动的创造物，并且与人类的一般动产不同，人们在创造动产时并不排斥其他人做同样的事情，而在占有土地时，却排除了其他人利用土地的机会。不难看出，穆勒的思想是将绝对财产观念与相对财产观念进行了融合，实际上是对绝对财产观念的背离。德国经济学家阿道夫·瓦格纳在其所著的《一般的或理论的政治经济学》中，对绝对的自由财产观念进行了驳斥。瓦格纳认为，所有人所享有的无限财产权利概念与历史地发展起来的法律和社会关系之需要是矛盾的，财产是一项社会的安排，建立在共同体的生活之上，共同体的生活乃是法律的源泉，财产权应该为公共利益而受到限制。因此，财产权是一个历史的概念，应该随着社会条件的变化而变化，自由放任主义经济学家所强调的绝对财产观念导致了个人利益与公共利益的冲突，是对财产权利的错误解释。[4]在美国，受到历史学派和海德堡议会社会主义影响的经济学家理查德·T·艾里认为，个人利益无法完全解释人类的行为，在个人利益之外还存在公共利益，因而以绝对财产观念为基础的自由放任主义必须调整，以适应发展了的社会形势。[5]私有财产应该受到尊重，但公共利益必须受到重视，国家在这方面具有不可推卸的责任。

与此同时，法学家们也开始了对绝对财产观念的反思和批判，其中包括社会连带法学、历史法学和法律实证主义。

在历史法学派的代表人物萨维尼看来，法律是不断成长而非一成不变的，作为民族精神产物的法律随着民族的成长而成长，因民族强大而强大，也会随着民族的消亡而消亡。而作为法律核心的权利观念，也同样具有历史性。[4]从这种历史主义的观点出发，耶林提出了自己对财产的观点，没有什么绝对财产，也不存在可以不考虑公共利益的私人财产权利，私人财产权利是依据共同利益和社会条件而定义的。由于社会条件的不断变化，准确界定私人权利是很困难，换言之，私人权利也是不断演变的，因而财产权利具有相对性。在耶林看来，具有无限权利的绝对财产权思想产生了很大的社会危害，“财产之不可侵犯性原理如同将社会托付给愚昧和邪恶的利己主义。这种邪恶的利己主义者认为，只要保住我的房屋、土地和牲畜，其他一切都可以消亡。然而，你真的能保证他们吗？你太缺乏远见了。威胁一切的终将威胁你自己：海啸、火灾、疾病以及诸如此类的人类之敌将威胁你，你也将被埋在这些废墟中……社会利益的确也是你的利益所在，无论何时社会限制你的财产，既是为了你也是为了社会自身”。耶林预言，绝对主义财产观念将被一个具有社会性的概念所取代，赋予财产不同意义的时代已经到来，社会将拒绝承认个人可以毫无限制地聚集资源的权利。[5]德国学者基尔克认为：“私有财产绝对不是一个绝对的权利。一个无义务性的财产权，将‘毫无前途’可言。”[8]在基尔克看来，绝对财产观念和绝对排他性的支配权，对于共同体的福祉是有害的，财产权利不是无限的。实际上，社会生活为财产权利设置了众多的限制，每一项权利都暗含着义务，有其固有的道德界限。因此，对于私有财产日益增长的限制是塑造新的社会财产关系的关键。

倡导“社会连带法学”的法国宪法学家莱昂·狄骥指出，社会是个有组织的机体，个人实际上作为这个机体的一部分而存在，没有人可以离开社会而生活。既然每个人都是社会的一个成员，社会有机体的法则就成为约束每个人的客观法，因此个人的权利必受到社会的制约，“人不可能仅仅因为自己是一种社会存在而自然地获得某种天赋权利。作为个体的人仅仅是一种知性的造物。权利的概念是以社会生活的概念为基础的。因此，如果说人享有某些权利，这些权利只能来自他所生存于其中的社会环境，他不能反过来将自己的权利凌驾于社会之上。""天赋的权利——这种主张是毫无根据的;它无法得到任何直接的证据的支持。它是一种关于人性的纯粹的形而上学的命题。它只是一种语言表达方式而已,却不具有任何科学的或实证的价值。"[7]事实上,"权利永远不能超出社会的经济结构以及由经济结构所制约的社会的文化发展"。[8]在狄骥看来,财产权主要不是一种权利,而是一种社会职务。倘若他完成了这个职务,社会将给其保护,倘若他不能完成这个职务或完成得不好,则社会将强迫他完成其作为权利人的社会职责。

实际上,权利总归是有限(limited)或有条件的(conditional)。所谓"有限"的权利保障范围,就是指个人权利的范围或空间具有一定的界限,超过这个界限就不受宪法或法律保护。"无限"(unlimited)的权利范围是指个人权利不受任何条件或法律的约束。这在实际上是不可能的,即使是最基本的生命权都不是无限的,至少今天还有许多国家对严重危害社会秩序的行为人处以死刑。宪法也不可能保障无限的个人权利,因为人类社会的生存空间是有限的,因而一个人权利的膨胀必然迟早会影响到其他人的权利。法律也并不创造无限或绝对的权利。

在19世纪末的美国,一种工具性的法律观念开始兴起,法学家们开始从功能性或目的性的角度来分析法律,从而将法律视为引导人们积极改变社会的一种创造性工具,这就是法律实证主义。大法官霍姆斯被认为是这一理论的开创者,他主张法律的规则最终来源于经验而不是逻辑,来源于人类社会的需要而不是自然权利。[4]如果法律应该反映一个时代已被感觉到的需要,那么就应该有这些需要而不是任何理论去决定法律应该是什么。[9]霍姆斯的观点造就了法律作为社会工具服务于社会需要的开端,为20世纪法理学的发展指明了方向。在洛赫纳诉纽约州一案中,美国最高法院认为纽约州限制面包师的工作时间是违宪的,这一判决遭到了霍姆斯的批评,霍姆斯认为如果这种限制更符合社会需要,这种限制就是合法的,取得财产的自由不是绝对的。[4]霍姆斯的观点得到了布兰代斯的支持,布兰代斯认为最高法院忽视了新兴社会的需要,所谓的适者生存的"丛林法则"只是骗人的真理,现实中不允许存在绝对的财产自由。[5]随着法律实证主义思想的传播,人们认识到,财产所有人的权利要服从于公共利益的调整规则,财产权的滥用就是财产权的终止。财产所有者不能以反社会的方式使用财产,也不能对财产任意挥霍浪费。[9]"法律发展到19世纪末20世纪初,随着现代市场经济替代近代自由放任经济,其重心便由传统的个人自由权转移到以社会利益为内容的'社会权'。"[10]

许多传统的资本主义国家先后或多或少地采行社会改良主义的方式,企图在维持资本主义私有制的前提下,相对限制私人财产权,强调公共福利,从而实现了从近代自由国家向现代社会福利国家的转型。在现代社会，私人财产权利作为一项基本人权不再是绝对的和神圣不可侵犯的了。正如有的学者所指出："财产权这一法律概念，作为稳定和安全的象征，已然发生了近乎解体的变化"，财产权"已丧失了其传统的宪法地位：私有财产权不再是个人权利与政府权力之间的界限了"，"美国政治思想中私有财产的神圣不可侵犯在理论上所具有的持久的和一贯的修辞力，尽管其含义发生了剧烈的变化，在法律实践中那种神圣性也受到了侵犯。"[11]总之，进入20世纪后，财产权的个人主义概念逐渐被财产权的社会化概念所取代，相对财产观念越来越得到发展。[12]

参考文献

[1] 刘军. 西方财产观念的发展[J]. 文史哲，2007(6).
[2] 斯蒂芬·芒泽. 财产理论[M]. 彭诚信译. 北京：北京大学出版社，2006：201.
[3] 理查德·派瑞斯. 财产论[M]. 北京：经济科学出版社，2003：72.
[4] 肖厚国. 所有权的兴起和衰落[M]. 济南：山东人民出版社，2003：199.
[5] Gottfried Dietze. In Defense of Property[M]. The Johns Hopkins Press, 1971：98.
[6] 陈新民. 德国公法学基础理论(下册)[M]. 济南：山东人民出版社，2001：460.
[7] 莱昂·狄骥. 公法的变迁——法律与国家[M]. 郑戈，冷静译. 沈阳：辽海出版社，春风文艺出版社，1999：10-12，243.
[8] 马克思恩格斯选集(第3卷)[M]. 北京：人民出版社，1995：305.
[9] 伯纳德·施瓦茨. 美国法律史[M]. 王军，等译. 北京：中国政法大学出版社，1990：173.
[10] 汪习根. 法治社会的基本人权——发展权法律制度研究[M]. 北京：中国人民公安大学出版社，2002：231.
[11] 埃尔斯特，等. 宪政与民主-理性与社会变迁研究[M]. 潘勤译. 北京：生活、读书、新知三联书店，1997：279，281.
[12] 梁慧星. 原始回归，真的可能吗？[A]//民商法论丛(4). 北京：法律出版社，1996：9.

新制度经济学的三种财产理论及其评价

摘　要：新制度经济学将经济学的主流分析方法与产权制度的分析结合起来，以效率来替代功利，重视历史事实，就财产关系对资源配置的影响进行了深入的分析，为理解现实经济中的各种市场和组织现象以及制度变迁提供了实用的解剖工具。其中具有重要影响的包括德姆塞茨、考特和尤伦以及诺斯等人的财产理论，对这些理论的理解和剖析是当代财产理论进一步发展的基础。

关键词：新制度经济学、财产理论、效率、产权

新制度经济学的财产理论将当代经济学的主流分析方法与产权制度分析结合起来，从而成为主流经济学的一个重要组成部分。在这一领域最具代表性和影响力的人物及理论主要包括德姆塞茨的产权理论、考特和尤伦的财产制度模型和诺斯的财产制度变迁理论等，构成新制度经济学财产理论的主要分析基础。

一、德姆塞茨的财产理论

德姆塞茨对于财产权的概念、作用以及财产权的产生进行了论述，其观点在经济学领域具有很重要的影响。

（一）财产权的概念和作用

德姆塞茨因袭了边沁关于财产权的观点，认为在鲁滨孙的世界里，财产权是不可能存在的，也没有任何意义，财产权实际上是一种社会工具，它的作用在于帮助一个人形成他与其他人进行交易时的合理预期。而这些预期通过社会的法律、习俗和道德得到表达，财产权的所有者拥有以特定方式行事的权利，并能够期望其所在的共同体阻止其他人对他行为的干扰。[1]97 因此，财产权产生于人类社会共同体形成之后，在法律以及习俗的保护之下，财产权对于形成稳定的个人预期具有关键作用，而这种稳定的预期，是人们社会交往的前提条件。所以，财产权的第一个重要作用在于维持社会正常交往所需要的合理预期。

财产权的另一个重要作用在于实现外部性内在化的激励。[1]98 在相关财产权确立之前，与人与人之间相互依赖性相联系的成本和收益，都是一种潜在的外部性，因为其中收益的享有者可能不承担其活动的所有成本，而成本的承担

者并不占有收益。在明确各方的财产权之后，成本或收益由何人承担就会相应明确，行为主体在经济活动中将会考虑与其活动相联系的所有成本和收益，外部性内在化的激励得到增强。现实社会中还存在很多外部性的例子，原因可能在于交易成本过大使得财产权无法明确。

（二）财产权的产生

稀缺性是正统经济学分析经济问题的前提。在正统经济学看来，成本核算、价格调节、市场分配能把稀缺资源配置到社会最需要、利润最高的地方，从而使稀缺资源得到最有效的利用。但是正统经济学家忽视了这样一个问题，即离开有效的产权制度，任何稀缺资源并不能得到有效利用。在本质上，经济学是对稀缺资源产权制度的研究。

如果财产权的明确是各方承担成本和享有收益的前提，那么财产权实际上“是将受益和受损效应内在化”，因而，当受益和受损效应因为社会的技术变化、知识的改变或者其他原因如贸易等发生变化时，就可能有新的产权的出现，这些新的产权的出现或者形成，是“相互作用的人们对新的收益-成本的可能渴望进行调整的回应”。[1]100

德姆塞茨以魁北克周围山区印第安人在18世纪建立土地私有权的过程为例说明其观点。[1]102起初，印第安人不存在土地私有权，各家通过自由狩猎来获取肉食和少量的皮毛。在这种情况下，没有人对于增加或者维持动物的存量感兴趣，因而一个猎人的成功实际上可以看作是将外部成本强加给继他之后的狩猎者，显然，这里是存在一定的外部性。但是，这种外部性的重要性很小，以至于不需要对它们进行考虑，从而也就不会产生内部化的要求，土地保持公有状态。后来，由于毛皮贸易的发展，使得毛皮的价值大大提高，狩猎活动的规模因此急剧扩大，因而，与自由狩猎相联系的外部性效应持续扩大，通过实施新的土地制度将这种外部性内部化的要求越来越强烈，最终导致了土地私有权的建立。

德姆塞茨阐述了财产权产生的一个前提，即内部化的收益要大于内部化的成本，财产权才能够最终创设出来。与魁北克山区印第安人的私有土地财产权不同，西南部平原的印第安人并没有发展出土地的私有权，[1]103-104原因可能在于，一是平原动物与森林皮毛动物相比，在当时商业上的重要性较低；二是平原动物主要为食草动物，它们的习性是在广阔的土地上漫跑。因此，要确立私有狩猎边界所获得的收益相对较低，而要阻止动物跑到相邻的土地上的成本则相对较高，换言之，内部化的成本大于内部化的收益，所以，私有土地制度在这个地区没有发展出来。

新的成本和收益首先表现为要素价格或者影子价格的相对变化，那么这里新产权的产生可以看作是对新的相对价格结构的反应或者适应。而相对价格的变化,实际上是资源相对稀缺程度的外在表现,某种资源相对价格的上升,实际上表明这种资源相对稀缺程度的增加。因此,我们也可以这样理解,新的产权的出现,是对资源稀缺的一种适应。

(三)从共有财产到私有财产的转变

德姆塞茨认为,在财产所有制上存在三种形式,即共有制、私有制和国有制。[1]105 共有制是指一种由共同体的所有成员实施的权利,如人类社会早期在土地上耕作和狩猎的权利、在人行道上行走的权利等,共有制意味着共同体否定了国家和单个市民干扰共同体内的任何人行使共有权利的权利,因而共有制下的财产为共有财产;私有制则意味着共同体承认所有者有权排除其他人行使所有者的权利,这种所有制下的财产为私有财产;国有制则意味着只要国家是按照可接受的政治程序来决定谁不能使用国有资产,它就能排除任何人使用这一权利。在这里,德姆塞茨感兴趣的是,共有财产向私有财产的转化问题。

史前人类劳动与自然资源结合起来进行谋生,自然资源不论是狩猎的动物还是采集的植物,开始都是作为共有财产而被占有的。这种类型的财产意味着所有人都能自由使用这些资源。经济学的分析表明,无限制地使用一种资源会导致其无效率性。当对资源的需求增加时,这种无效率使用会导致资源的枯竭,而私有财产权的出现就是非常必要的了。德姆塞茨以土地为例,对这种转化过程进行了说明。

在土地共有的制度下,一个人使用土地的成本不是完全由自己来承担,其中一部分是其他人担负的,如果一个人最大化地追求他的共有权利的价值,他将会在土地上过度狩猎和过度劳作,动物的存量及土地的丰裕程度就会迅速下降。为了防止这种现象出现,共同体的成员可能会达成一个协议,降低每一个成员在土地上的劳动率,这样在财产制度保持不变的情况下,实现对土地的有效利用。但是,达成一个共同满意的协议并非易事,其中的谈判成本会随着人数的增加而扩大,尤其是其中某个成员坚持不作任何让步时,谈判将无法进行。而且,即使达成了某种协议,还要考虑监察协议的成本,这种成本也可能非常之高,以至于协议形同虚设。因此,共有财产容易导致较大的外部性,难以有效地利用资源。

在上述情况之下,德姆塞茨认为:“国家、法院或者共同体的领导可能企图通过允许具有类似利益的人组成的团体以拥有私有土地,从而将由公有财产导致的外部成本内在化。”[1]107 这里的团体指家庭和个人。很显然,如果单个人拥有土地,他将考虑未来某时的收益和成本倾向,并选择他认为能够使他的私有土地权利的现期价值最大化的方式来利用土地。在这个过程中,他的活动对他的邻里以及后代的效应都会被考虑进去。而在共有财产制度下，共有者在考虑上述因素时，要达成一个一致同意的土地协议几乎是不可能的。在土地私有的条件下，土地所有者能够排除其他人的权利，对有关可实现的报酬进行全面的计算，这种收益与成本向所有者的集中，就产生了有效使用资源的激励。

（四）私有财产与谈判成本

德姆塞茨注意到，在土地私有化的过程之中，成本和收益也只是实现了不完全的集中，换言之，只有一部分外部性被内在化了，还存在外部性的剩余情况。[1]108 比如，一个土地所有者在自己的土地上修建了一个水坝，使得相邻的土地产生了较低的水位，以至于这个邻居难以利用水的动力。这种由于相邻而产生的土地使用冲突是常见问题。在土地共有的情况下，要解决这类问题需要所有的人达成一致的协议，显然存在非常昂贵的谈判成本。而在土地私有后，对于这些剩余的外部性进行谈判的成本将大大降低，因为与私有财产相随的外部性一般并不影响所有的人，只需相关的少数人在考虑这些效应后达成一致协议就可以了。因此，从谈判成本的角度来分析，私有财产允许大多数外部性能够在一个十分低的成本下被内在化。

这里，德姆塞茨再一次论证了私有财产相对于共有财产的优势，即与私有财产相伴随的较低的谈判成本。这一成本实际上就是科斯所说的交易成本的一部分，在交易成本较低的情况下，资源将会通过交易得到最优的利用。[2]11

（五）关于社会规模与私有财产之间的关系

德姆塞茨很敏锐地注意到，“一个社会的规模越大，它所依赖的条件就越是有利于私有制”。[3]196 一个规模较大的社会想要在一个集中的国家控制的基础上成功地运作，将会遇到很大的困难，原因在于一旦一个社会突破了其最适度的限制，要获得其期望的合作行动的官僚成本必然急剧上升。这种官僚成本必然会削弱非市场激励的有效性，表现在经济绩效上，就是人均生活水平维持在较低的程度。在与外部隔离或者在没有外部干涉的威胁下，集权化即便在很低的生活水平上也能够维持很长时间，但是在它与较大的分权化社会进行和平竞争时，就难以长期存在。为了改善经济绩效，只有削减国家作为所有者对于资源的集中控制，转而采取一种分权化的经济控制制度，而这种有效的分权化制度，则依赖于朝向私有化的改革或运动。很多国家的改革在某种程度上印证了德姆塞茨的观点，即“从个人向家庭，从家庭向部族，从部族到小国，从小国大国的转变，都要求在更大的程度上依赖于私有制”。[3]196

二、考特和尤伦的财产理论

考特和尤伦以主流经济学的均衡分析方法，对法律制度的多种规则和责任机制进行了开创性的研究，在法和经济学领域产生了重要影响，其中关于财产制度的分析尤其具有代表性。

(一)关于财产起源的一个思想实验

考特和尤伦构造了一个思想实验来说明财产制度的起源，其核心是合作能够创造剩余价值从而给合作各方带来利益。[4]68-71

假设一个社会只有人、土地、农业和军事技术，但没有法院和政府。在这里，人们以耕种土地为生，他们对土地可能拥有道德上的权利，但没有法律上的所有权，因此这些权利基本上是由个人和家庭依靠武力来自我维护的。假如排斥他人占有土地总是值得的，并且人总是理性的，那么他们会将有限的资源安排到最佳的使用程度，即使用武力保护土地免遭他人侵占的边际代价刚好等于其边际收益。从这个意义上讲，个人及家庭对土地的自我维护是有效率的，但从整个社会来说却未必有效率。假如由社会拥有一个公共武装系统比由个人和家庭拥有私人防御系统更加经济，也就是说，在保护土地权利方面存在一种规模经济，人们可能会选择建立代表公共权力的政府，建立一套在法律上强有力的产权制度，来保护各自的产权。在此制度下，他们可以将更多的时间、精力用于种植谷物，提高产量，而不是用于武力斗争，结果整个社会的总产量会得到提高。例如，通过复杂的谈判过程达成“社会契约”，即建立一个政府。作为人类社会生活最基本条款的社会契约，不仅包括人们渴望获得的排他权的规定，还包括财产上的使用权、转让权和馈赠等。由国家承认和保护财产将节省交易费用，并产生剩余价值。

为了说明上述过程，考特和尤伦构造了一个简单的案例。假设世界上只存在两个人：A和B。在自然状态下(没有政府权力的干预)，每个人种植一些谷物，同时也从对方那里偷窃谷物并防御自己的谷物被偷。由于双方在务农、行窃和防御方面存在一定的技术方面的差别，在自然状态下最后的得失也有所不同。表1归总了他们在自然状态下的得失。

表1　自然状态下的得失

农场主	种植的谷物	偷得的谷物	被偷的谷物	实际消费的谷物
A	50	40	−10	80
B	150	10	−40	120
总和	200	50	−50	200

根据表1，在自然状态下，A与B共生产谷物200个单位，但偷窃重新分配了这些谷物，最终A得到80个单位的谷物，而B获得了120个单位。很明显，

如果把A与B视为一个整体,双方用于偷窃和防止被偷的资源对于这个整体来说就是被浪费的,没有产生任何价值。如果双方认识到了这一点,那么A与B可能有动力达成一个合作性的协议,承认双方的财产权并采取一个制止偷窃的履行机制(政府的强制权力)。这样,双方就可以将更多的资源用于耕种,而将较少的资源用于武力斗争。假如结果使总产量从200个单位上升到300个单位,那么增加的100个单位就构成了双方合作的剩余,如果这一剩余能够在双方之间进行合理分配,双方最终都能够得到更多的谷物。其结果如表2所示。

表2　合作协议状态

农场主	自然状态下实际消费的谷物	剩余的分享份额	实际消费的谷物
A	80	50	130
B	120	50	170
总和	200	100	300

依据表2,双方的合作协议明显增加了各方的利益,因而财产权就在双方的协议过程中产生了。在这里,财产制度的出现源于人们对于合作剩余的追求,是人们讨价还价的一个结果。

考特和尤伦的思想实验旨在说明财产权给社会带来的好处,并非财产权产生的真实历史,因为在历史上,财产权的产生或者变迁,常常不是契约的结果,而是武力斗争。实际上,财产权的真实历史是多种因素相互作用的结果,单纯的合作剩余显然无法概括这样的复杂过程。考特和尤伦并不否认这一点,但认为这个思想实验至少说明了某些新财产权的产生过程,如电脑软件财产权的出现过程,“社会将财产权作为一种法律权力来建立是为了鼓励生产、打击盗用行为,以及减少保护产品被盗用的成本”。[4]71

(二)物品的特征决定其应该被共有还是被私有

财产权利应该被私有还是被共有?在考特和尤伦看来,这个问题的答案取决于在何种情况下这种物品能够被更加有效地使用。

如果该物品在使用上具有排他性和竞争性,即该物品属于私人产品,那么这种物品就应该被私有。作为一种竞争性,私人物品只能被单个人使用和消费,而不能同时被其他人享用。效率要求每一个私人物品应该由对其评价最高的一方使用和消费,而要达到这样一种配置状态,只能通过人与人之间自愿的相互交换其占有的物品才能实现。这种自愿交换的前提是人们拥有该物品的财产权,这种排他性的权利为私人物品的使用和消费提供了自由交换的保证,直至每个物品由对其评价最高的人持有,从而促进了这些物品的有效利用。如果私人物品为公共所有，一般会导致配置上的扭曲，即这些物品往往不是由对其评价最高的人使用和消费。

如果该物品在使用和消费上不具有排他性和竞争性，即该物品属于公共物品，那么这种物品就应该共有。公共物品的使用和消费上的非竞争性，使得单个人的垄断消费缺乏效率；而非排他性则决定了其具有很高的排他成本，即使为私人所有，也难以对其财产权利进行保护。上述技术特征也表明，市场无法提供足够数量的公共物品，难以通过市场交易提供效率，因为私人供给者不能有效排斥没有支付相应费用的使用者。

(三)财产权、交易成本与经济效率

合作产生效益，但是合作并不容易实现，因为人们在如何分配合作利益方面可能产生分歧，最终导致合作的失败。这就需要社会建立一种规则，以便社会能够获得合作的利益。考特和尤伦总结了 18 世纪哲学家霍布斯和现代产权经济学家科斯的观点，提出规范的霍布斯定理和规范的科斯定理。

在人们讨价还价的交易过程之中，意见分歧可能导致合作的失败，而这种失败的代价显然是经济效率的降低。霍布斯认为，人们很少足够理性地在合作剩余的分享上达成一致，即使是在谈判没有明显的障碍时，因为“天生的孩子气将使得他们争吵不休，除非强有力的第三者迫使他们达成协议”。[4]82 上述理由引出了如下的财产原则：建构法律以使私人之间的协调失败所导致的损害最小。这个原则就是所谓的规范的霍布斯定理。根据这一原则，当各方无法达成合作协议时，法律应将财产权分配给对其评价最高的一方，这样一种分配使得各方的权利交换不再必要，还节省了交易的成本。

考特和尤伦认为，交易成本并非仅仅由交易的客观性特征所决定，还受到法律规则本身的影响。特定类型的法律规则，能够起到减少私人谈判阻碍的作用，因此从这个意义上来说，一些交易成本是内生于法律体制的。这样就引出了所谓的规范的科斯定律，即构建法律以消除私人协商的障碍。这一原则的核心在于降低交易的成本，从而促使各方达成合作协议。如界定一个简单且清晰的产权，使得谈判者的权利明确，这是各方的合作更容易实现；反之，各方权利界限模糊复杂，合作的可能性会大大降低。法律通过降低交易成本，就能够“润滑”交易，使得各方顺利进行权利的交换，这样就会减轻法律制定者有效分配私人权利的困难。

显然，这两个规范定理实际上是互为补充的。规范的科斯定理，其目标在于最小化私人协商的障碍，促使交易的最终达成；但是，法律规则无法保证这样的协议一定实现，当交易无法实现时，就需要运用规范的霍布斯定理，来确定权利的最终归属，最小化私人关于资源配置的分歧所导致的损害，从而避免效率方面的损失。

三、诺斯的财产理论

作为新经济史领域的代表人物，诺斯对于财产理论研究作出了突出贡献，尤其是产权制度在经济增长中的作用和制度变迁理论。

(一)制度结构是解释经济绩效的关键

诺斯认为，知识和技术存量规定了人们活动的上限，但它们本身并不能决定在这些限度内人类如何取得成功。政治和经济组织的结构决定着一个经济的实绩及知识和技术存量的增长速度，“人类发展中的合作与竞争形式以及组织人类活动的规则的执行体制是经济史的核心。这些规则不仅造就了引导和确定经济活动的激励和非激励系统，而且还决定了社会福利与收入分配的基础”。[5]17 在这里，诺斯所强调的结构实际上指的是社会的制度环境和制度安排，诺斯称之为“制度结构”，是它们决定了经济的绩效。因此，要对不同国家、不同地区、不同时代的经济绩效进行解释，首先必须对制度结构的差异和制度结构的变迁进行解释，而理解制度结构的两个基石是国家理论和产权理论。

在诺斯看来，产权结构决定经济绩效，但国家界定产权结构，因而国家理论是根本性的，“最终是国家要对造成经济增长、停滞和衰退的产权结构的效率负责”。[5]17 但是，遗憾的是在解释经济制度的变迁时，国家理论却经常被忽略。因此，要理解诺斯的财产理论，首先需要了解诺斯的国家理论。

(二)诺斯的国家理论——暴力潜能分配理论

对于国家，诺斯的理解是深刻的和独特的，“国家的存在是经济增长的关键，然而国家又是人为经济衰退的根源；这一悖论使国家成为经济史研究的核心，在任何关于长期变迁的分析中，国家模型都将占据险要的一席”，[5]20 因此，要解释经济史中的两个基本方面，即无效率产权的长期存在和国家的内在不稳定性，就需要一个具有解释力的国家理论。

既然国家如此重要，如何来定义国家呢？诺斯认为，国家就是在暴力方面具有比较优势的组织，在扩大地理范围时，国家的界限要受到其对选民征税权力的限制。这一在暴力方面具有比较优势的组织，为了对经济资源的控制可以尽可能地利用暴力，因此处于界定和行使产权的地位。因此，要理解国家，同样必须结合财产权的分析。

诺斯提出了一个国家模型，在这个模型中，他把国家当作一个福利或者效用最大化的统治者，这个统治者具有以下三个特征：第一，国家为了获取收入，以一组称为保护和公正的服务与选民进行交换。由于提供这些服务具有规模经济，与社会每一个个体自己保护自己的财产相比具有更低的成本。第二，国家试图像一个带有歧视性的垄断者那样活动，为使国家收入最大化，它将选民分为各个集团，并为每一个集团设计产权。第三，由于总是存在着能够提供同样服务的潜在对手，国家受制于其选民的机会成本。它的对手是其他国家，以及在现存的政治-经济单位中可能成为潜在统治者的个人。因而，统治者垄断权力的程度是各个选民集团替代度的函数。[5]23

国家所提供的基本服务是博弈的基本规则，这些规则有两个目的：一是界定产权结构，以使统治者的租金最大化；二是降低交易费用以使社会的产出最大化，从而使国家税收增加。诺斯认为，在上述两个目的之间存在着持久的冲突，即第一个目的是企图确立一套基本规则以保证统治者自己收入的最大化，这就可能导致无效率产权的出现，第二个目的则包含一套使社会产出最大化的有效率的产权。这种冲突导致一个国家无法实现持续的经济增长，也正是“国家悖论”的实质所在。

可见，国家是基于界定和行使产权的需要而产生的，因而对于财产权的产生和变迁的解释必须结合国家理论来进行。

（三）私有财产的起源

在人类社会的早期，人类赖以生存的动植物资源的供应相对于人口数量来说，几乎是无限的，人类获得生活资料的方式是采集和狩猎活动。当某个地区人口扩张威胁到食物供应时，群落就会分化并迁移至新的地区，于是逐渐分离出一些新的群落。在这个过程中，由于资源数量的充裕，每个新增劳动力的报酬或者生产率并不会下降，因而也不会产生取得动植物排他所有权的刺激。如果说这一时期也存在财产权的话，这种财产权就是公共财产权。随着人口数量的不断增加，资源的充裕程度将逐步降低，最终将导致狩猎和采集劳动的边际产品下降。但是，由于群落之间的竞争取决于群落人口的数量以及资源的共有特征，各个群落还会持续地扩张自身的人口数量。人口的持续增长和群落之间为占有公共资源而展开的竞争，必然产生建立排他性产权的激励。否则，没有人对资源的滥用负责，可能导致自然资源的枯竭。为了解决群落所面临的资源困境，某些群落开始努力占有某些肥沃土地并设法阻止其他群落进入这些土地，这产生了两种后果：一是改变了过去纯粹的资源共有的状况，产生了新的财产权形式，即排他性公有产权，这是私有财产权的前身；二是某些群落从游牧生活转向定居生活，开始出现定居农业。这一过程被诺斯称为“第一次经济革命”。定居农业的出现，极大地改变了人类社会的激励机制，刺激了与农业相关的知识和技术的发展，社会因此取得了迅速的进步。

“第一次经济革命”的逻辑过程是，群落之间的生存竞争迫使各个群落必须通过人口的增长来增强自身的实力，这导致了人口与资源之间相对稀缺程度的变化，使得采集和狩猎的成本不断上升，或者其边际产品价值的不断下降。与此相适应，单个群落开始不许外来者分享其资源基数，排他性的公有产权开始建立，群落开始定居下来。排他性公有产权的建立，刺激了群落努力提高资源基数的生产力，因此也促进了相关知识和技术的增长。因而早在1万多年前，人类社会就开始出现文明的发展和经济的增长，与此前漫长的采集和狩猎时期相比，发展的速度是极为迅速的。[5]98

由于定居农业逐渐成为主要的经济活动方式，与采集和狩猎时期相比，一些相对复杂的社会和经济组织也开始出现，这些组织要完成的任务包括：组织共同防卫，抵御饥荒，决定生产什么、何时生产以及怎样生产，管理和协调定居生活所必需的日益增加的专业化分工，在组织内部进行各种产品的分配等。[5]105这些公共决策组织经过大约4000年的演化，最终才确立了国家的形式。[5]106有意思的是，这一时期的国家所采取的特定形式多种多样且变化不定，既有专制的，又有民主的。但是，尽管形式多样，每种形式的国家都承担了管理的职责。国家的出现一直伴随着战争和政治上的动乱，同时国家的规模也一直在扩大。在国家出现以后，农业共同体最初的排他性产权制度也开始分化。在有些地区，这类排他性的公有产权让位于排他性的国有产权，而在其他一些地区，排他性的公有产权则被个人私有产权所取代，其中包括对产品、土地和奴隶劳动的私有产权。[5]103

结语：对新制度经济学财产理论的简要评价

新制度经济学沿着边沁所开拓的前进方向，将经济学的主流分析方法与产权制度的分析结合起来，以效率来替代功利，重视历史事实，就财产关系对资源配置的影响进行了深入的分析，为理解现实经济中的各种市场和组织现象以及制度变迁提供了实用的解剖工具。但是，新制度经济学还是存在众多的缺陷。

一是方法论上存在缺陷。新制度经济学全面接纳了主流经济学的理性经济人假设，采用边际理论以及均衡分析工具，从微观层面对因财产关系或其变迁所引起的资源配置效率进行分析。这种分析方法还没有摆脱主流经济学的唯心主义基础，因而其结论必然带有主观唯心主义的痕迹，削弱了其可靠性和说服力。虽然新制度经济学也非常注重历史，经常以历史事实来说话，但仍属于历史归纳法的范围，并不是历史唯物主义的分析。[6]359

二是对于制度变迁与技术变迁关系的理解存在缺陷。受到其方法论上唯心主义倾向的影响，新制度经济学往往把技术的变迁视为经济人对于制度安排变迁的一种反应，而不是相反。历史上的确存在这种现象，如专利制度的发明，刺激了人们对于技术发明的投入，从而推动了技术的进步。但是，从本质上来说，是技术的进步为制度变迁提供了动力。一般来说，可应用的技术出现的时间往往早于相关制度的出现，也正因为如此，这些技术受到原来落后制度的约束，难以转化为现实的生产力，因此为制度的变迁提供了内在的动力。而好的制度则有利于技术向生产力的转化。这正是马克思主义生产力与生产关系矛盾运动的一般规律，而新制度经济学显然没有理解和把握这条规律。

三是把国家作为产权界定以及制度变迁过程中的主要力量之一。实际上，国家是作为经济基础之上的上层建筑而存在的，是财产关系决定了国家的性质和形式，而不是相反。把国家视为一个独立于其他主体的经济人，并主导财产制度的设计和变迁，颠倒了经济基础和上层建筑的关系，更无法解释国家本身的变迁过程。

参考文献

[1] 德姆塞茨. 关于产权的理论[C]//科斯，等. 财产权利与制度变迁. 北京：生活、读书、新知三联书店，1991.

[2] 科斯. 社会成本问题[C]//科斯，等. 财产权利与制度变迁. 北京：生活、读书、新知三联书店，1991.

[3] 德姆塞茨. 一个研究所有制的框架[C]//科斯，等. 财产权利与制度变迁. 北京：生活、读书、新知三联书店，1991.

[4] 罗伯特·D. 考特，托马斯·S. 尤伦. 法和经济学[M]. 施少华，等译. 上海：上海财经大学出版社，2002.

[5] 诺斯. 经济史中的结构与变迁[M]. 陈郁译. 上海：三联书店上海分店，1991.

[6] 黄少安. 产权经济学导论[M]. 北京：经济科学出版社，2004.

海洋资源产权冲突处理规则的经济学分析

摘　要:在产权冲突处理中,如果不考虑法院的判决成本,财产规则与责任规则在经济效率上没有本质差别;如果考虑到法院的判决成本,财产规则在经济效率上优于责任规则。现实中责任规则的大量存在,并不是由于其存在经济效率上的优势,而是因为某些特殊情形下,财产规则已经无法对产权进行有效保护,只能采取事后的责任补偿而已。由于海洋资源的特有的非排他性、立体性和联系紧密性,海洋资源产权冲突行为发生的可能性更大,海洋资源产权保护规则的确定更为迫切。从经济效率的角度分析,海洋资源产权冲突的处理规则应以财产规则为主。

关键词:海洋资源、产权冲突、财产规则、责任规则

一、海洋资源产权冲突及其处理规则

海洋产业是当前国家重点发展的经济领域,而海洋资源产权冲突则是一个亟待解决的问题。海洋资源在开发利用过程中,如何进行产权保护既关系到产权持有人的切身利益,更关乎海洋资源的利用效率,因而对于海洋经济的健康发展具有重大意义。由于海洋资源的特有的非排他性、立体性和联系紧密性[1],与一般的实物产权相比,海洋资源产权冲突行为发生的可能性更大,海洋资源产权保护规则的确定自然更为迫切。

在产权边界清楚的情况下,产权的保护包括两个基本原则:财产规则与责任规则。所谓财产规则是指,在未经产权持有人同意的情况下,任何其他人不能占有、使用其财产,否则将受到法律的惩罚。这种惩罚可能远远超过侵权者的收益,其中也包括刑事处罚。而责任规则是指,在未经产权持有人同意的情况下,其他人可以占有、使用其财产,只需事后支付财产所有者相应的补偿即可,补偿额的大小一般由法院确定。对于这两项规则的经济效率,学术界一直存在较大争议。Calabresi 与 Melamed(1972)认为,在交易成本很高以致双方无法进行谈判的情况下,责任规则优于财产规则;而在交易成本较低的情况下,财产规则优于责任规则[2]。而 Caplow 与 Shavell(1996)认为,只要法院对侵权损害的评价是系统无偏的,不存在系统的低估,无论双方是否可以谈判,责任规则

都优于财产规则[3]。但 Lewinsohn-zamir(2001)利用行为学的研究成果反驳了这种观点,认为在双方能够进行谈判的情况下,问题的处理最好适用财产规则,一方面由于法院经常系统地低估受害者的损失,另一方面责任规则不利于双方达成协议[4]。这一结论是向 Calabresi 与 Melamed 观点的回归。到目前为止,在侵权纠纷时究竟应该采取哪一种规则,尚没有统一的结论,但 Calabresi 与 Melamed 的观点受到大多数经济学家的支持。

本文从一个构造的海洋资源产权冲突案例出发,探讨在海洋资源产权发生冲突时,哪一种规则更为符合经济效率。同时,本文对上述关于财产规则与责任规则经济效率之争给出自己的结论,即在不考虑法院判决成本条件下,财产规则与责任规则在经济效率上没有本质差别;如果考虑到法院的判决成本,财产规则在经济效率上优于责任规则。而现实中责任规则的大量存在,并不是由于其存在经济效率上的优势,而是因为某些特殊情形下,财产规则已经无法对产权进行有效保护,只能采取事后的责任补偿而已。

二、海洋资源产权冲突的特殊性及判决类型

海洋资源产权冲突从经济学上来分析,本质上是权利边界不清而产生的外部性问题。虽然法律法规对冲突各方的海洋资源权利进行了界定,但往往存在产权边界的重叠,从而导致资源开发利用过程中的权利冲突。在海洋资源产权纠纷中,一般的侵权行为表现为权利冲突,并且这种侵权行为具有一定的特殊性,即冲突各方从法律上来说并不存在谁对谁错的问题,双方的侵害是共时和相互的,因而其冲突的处理也具有特殊性。Coase(1960)认为,外部性造成的伤害往往具有相互性,因为双方的财产权利处于不确定状态,需要在法院介入后依据效率原则来确定。在交易成本较高的情况下,权利应该界定给对其定价最高的一方,这样的配置符合经济效率。而在交易成本较低的情况下,财产权利界定给哪一方无关紧要,只要清楚界定,经过双方谈判都可以达到有效率的结果[5]。Coase 的论证暗含的是,在外部性问题出现时,当事者的权利义务关系在法院介入之前常常是缺乏清楚界定的,因此双方无法进行有效的谈判和协调,最终要求助于法院的帮助。因而在产权冲突问题的处理中,存在两个过程。

过程 1:决定哪一方享有权利,或者是施害者拥有损害权,或者是受害者享有不受损害的权利。

过程 2:确定采用何种规则对权利进行保护,或者财产规则,或者责任规则。

如果将施害方(injurer)记为 I,将受害方(victim)记为 V,将财产规则(Property rule)计为 P,将责任规则(Liability rule)记为 L,则两个过程联系起来可以形成四种判决:

判决 IP:施害方拥有权利,该权利受财产规则保护;

判决 IL:施害方拥有权利,该权利受责任规则保护;

判决 VP:受害方拥有权利,该权利受财产规则保护;

判决 VL:受害方拥有权利,该权利受责任规则保护。

下一节将构造一个典型的海洋资源产权冲突案例,比较分析四种判决的经济效率,目的是探讨在海洋资源产权冲突中,采取何种判决方式更有利于有效率的结果出现。

三、海洋资源产权冲突案例:养殖场与航运旅游公司

假定一家航运旅游公司(I)的观光海域与一家海水养殖场(V)相邻,旅游公司旅游船只的轰鸣声及震动影响了养殖场鱼类的生长速度和产量(两家单位不存在时间上的先来后到,这样就避免讨论"来入侵害"等问题)。在双方没有采取任何治理危害的措施情况下,养殖场每年损失约 200 万元。为减少损失,可以采取两种措施:一是养殖场多投放鱼苗,达到原来产量需多投入成本约 80 万元;二是旅游公司使用新型船只,每年增加成本约 300 万元。

这是一个典型的海洋资源产权冲突情况,因为从法律上说,养殖场拥有特定区域海水养殖的权利,而旅游公司拥有特定路线观光的经营权。但是当两者合法使用其权利时,却产生了权利边界的重叠,即产权冲突问题。

在上述产权冲突问题诉诸法律后,最终可能产生两种结果。

结果 A:养殖场、旅游线路都继续运营,由养殖场投入资源减少危害。

结果 B:养殖场、旅游线路都继续运营,由旅游公司投入资源消除危害。

从社会收益最大化的角度来分析,结果 A 最有效率,因为养殖场消除危害的成本较低。换言之,由治理危害成本较低的一方来消除危害符合经济效率的要求。很明显,有效率的结果是双方治理成本的函数。但有效率的结果最终能否出现,则取决于冲突双方可谈判的程度以及法院选择何种判决规则。

按照可谈判程度,冲突双方的谈判可以分为三类:一类是双方总是能够进行充分的协商,在自愿的基础上达成协议;第二类是存在一定程度的信息不完全,因而一方对另一方治理危害的成本有可能进行错误的估计,导致双方在交易剩余的分配上难以达成协议,进而无法保证谈判的成功;第三类是双方谈判成本极高,完全无法进行有效的谈判。

以下将讨论在不同的可谈判程度下,不同判决规则的经济效率。

四、双方可以谈判情况下不同判决的经济效率

(一)双方总是能够进行成功的谈判

根据科斯定理,只要法院能够对双方的权利关系进行清楚界定,无论将受

损或受益的权利界定给那一方，最后经双方自愿谈判，最有效率的结果都会出现。

在判决 IP(旅游公司拥有自由经营权并受财产规则保护)及判决 IL(旅游公司拥有自由经营权并受责任规则保护)任一情况下，养殖场都只能选择自行投入资源来减少危害，有效率的结果 A 必然出现。

在判决 VP(养殖场拥有养殖权并受财产规则保护)情况下，法院会判决旅游公司停止对养殖场的侵害，但旅游公司未必非要选择购置新的船只，它可以与养殖场进行谈判，只要支付给养殖场不少于 80 万元的费用，就可以让有效率的结果 A 出现。

在判决 VL(养殖场拥有养殖权并受责任规则保护)情况下，法院会判决旅游公司可以继续对养殖场的侵害，但必须赔偿每年的损失 200 万元。此时，旅游公司与养殖场仍有谈判合作的必要，因为如果旅游公司能够说服养殖场自行投入减少危害并给予超过 80 万元的补偿，有效率的结果 A 依然可以出现。

以上分析表明，在双方可以成功进行谈判的情况下，有效率的结果出现不受判决规则的影响。

(二)在不完全信息情况下双方的谈判

在判决 IP(旅游公司拥有自由经营权并受财产规则保护)及判决 IL(旅游公司拥有自由经营权并受责任规则保护)任一情况下，养殖场都只能选择自行投入资源来减少危害，有效率的结果 A 必然出现。

在判决 VP(养殖场拥有养殖权并受财产规则保护)情况下，法院会判决旅游公司停止对养殖场的侵害。但旅游公司未必非要选择购置新的船只，它可以与养殖场进行谈判，给予养殖场一定的补偿，由养殖场投入成本治理危害，就可以让有效率的结果 A 出现。但这里的问题是由于不完全信息的存在，双方的谈判存在破裂的风险，以至于旅游公司只好自行投入 300 万来治理危害，无效率的结果 B 出现。这里，双方实际上处在一种“双方叫价拍卖”[6]情形中，由于各方对另一方治理成本估计的偏差，一部分有效率的结果无法实现。

考虑如下情形：旅游公司对养殖场治理成本的估计为 H_V，养殖场对旅游公司治理成本的估计为 H_I，双方按照获得合作剩余①的一半进行出价。则旅游公司愿意支付给养殖场的补偿为 $H_V+1/2\times(300-H_V)$，而养殖场则要求获得的补偿为 $80+1/2\times(H_I-80)$，因而双方谈判成功的条件为 $H_V+1/2\times(300-$

① 这里的合作剩余是指双方治理危害成本之差，即 300 万元－80 万元＝220 万元。因为一旦双方谈判成功，将投入较低的治理成本，是双方合作所产生的收益，对双方来说，分享收益比合作不成功要有利。

H_V)≥80+1/2×(H_I−80)，即 H_I-H_V≤220万元时，双方可以达成有效率的结果。换言之，如果双方对于合作剩余的估计小于实际的合作剩余，则谈判能够成功；反之，则容易导致谈判的失败。

在判决 VL（养殖场拥有养殖权并受责任规则保护）情况下，法院会判决旅游公司可以继续对养殖场的侵害，但必须赔偿每年的损失 200 万元。此时，旅游公司与养殖场仍有谈判合作的必要，因为如果旅游公司能够说服养殖场自行投入减少危害并给以足够的补偿，有效率的结果 A 依然可以出现。同样，由于信息不完全，双方实际上处在一种"双方叫价拍卖"情形中，对合作剩余[①]的分享出现分歧，一部分有效率的结果无法实现。

假设旅游公司对养殖场治理成本的估计为 H_V，则旅游公司愿意支付给养殖场的补偿为 H_V+1/2×(200−H_V)，而养殖场愿意接受的补偿为 80+1/2×(200−80)=140 万元，只要 H_V+1/2×(200−H_V)≥140，即 H_V≥80 万元，双方就可以实现有效率的合作，除非旅游公司对养殖场的治理成本估计低于 80 万元。

上述分析表明，在双方存在不完全信息的条件下，如果法院将责任分配给治理成本较低的一方，必然实现有效率的结果；如果责任的分配倒置，则也可以实现部分有效率的结果，除非双方在合作剩余分配上出现较大的分歧。财产规则或者责任规则，在治理产权冲突中都没有显示出明显的优势。

五、双方无法谈判情况下不同判决对效率的影响

在有些情况下，双方无法进行谈判或者谈判成本过高，此时，法院的判决对效率的影响将大大增加。

在判决 IP（旅游公司拥有自由经营权并受财产规则保护）及判决 IL（旅游公司拥有自由经营权并受责任规则保护）任一情况下，养殖场都只能选择自行投入资源来减少危害，有效率的结果 A 必然出现。

在判决 VP（养殖场拥有养殖权并受财产规则保护）情况下，法院会判决旅游公司停止对养殖场的侵害。旅游公司只能选择自行投入 300 万元来治理危害，无效率结果 B 出现。

在判决 VL（养殖场拥有养殖权并受责任规则保护）情况下，法院会判决旅游公司可以继续对养殖场的侵害，但必须赔偿每年的损失 200 万元。此时，由于双方无法谈判，养殖场没有激励去治理危害，无效率的结果 B 出现。

---

① 此处的合作剩余为 200 万元−80 万元=100 万元。

上面的分析表明，在双方无法谈判的情况下，有效率的结果能否出现，主要取决于法院对于财产权利的分配方式。如果法院将责任分配给治理成本较低的一方，必然实现有效率的结果；如果责任的分配倒置，则必然出现无效率的结果。财产规则或者责任规则，在治理产权冲突中都没有显示出明显的优势。

六、结论

上述的讨论是在不考虑法院判决成本的条件下展开的，明显地，在此条件下，有效率的结果能否出现，主要取决于两个方面：一是双方谈判的可能性，二是法院的责任划分方式。如果双方总是能够进行成功的谈判达成合作，则法院的产权划分是不重要的。如果双方无法谈判，则法院的产权划分具有重要影响，只要把责任分配给治理成本较低的一方，就可以实现有效率的结果。如果双方谈判存在不确定性，法院的产权划分对于经济效率的实现会产生部分影响，即如果将责任分配给治理成本较低的一方，有效率的结果一定实现；如果责任分配倒置，部分结果是没有效率的。在整个讨论中，财产规则或责任规则都没有显现出明显的效率优势。

如果将法院的判决成本考虑进去，并假定财产规则下判决成本更低，则可以认为，财产规则相对于责任规则具有一定的效率上的优势。现实中责任规则的大量存在，并不是由于责任规则在某些特殊情况下存在效率上的优势，而是因为在这些特殊情形下，不可避免的权利损害以及高昂的事前谈判成本，财产规则已经无法对产权进行有效保护，只能采取事后的责任补偿而已。在海洋资源产权冲突中，如果考虑到经济效率上的优势，应该优先采用财产规则；只有当财产规则无法对产权冲突进行治理时，才需要责任规则的介入。

参考文献

[1] 戴桂林，王雪. 我国海洋资源产权界定问题探索[J]. 中国海洋大学学报(社会科学版)，2005，(01)：15-18.

[2] Guido Calabresi，A. Douglas Melamed. Property Rules，Liability Rules，and Inalienability：One View of the Cathedral[J]. Harvard Law Review，1972，85(06)：1089-1128.

[3] Louis Kaplow，Steven Shavell. Property Rules Versus Liability Rules：An Economic Analysis[J]. Harvard Law Review，1996，109(04)：713-790.

[4] Daphna Lewinsohn-Zamir. The Choice Between Property Rules and Liability Rules Revisited：Critical Observation from Behavioral Studies[J].

Texas Law Review，2001，80(12)：219-260.
[5] Ronald Harry Coase. The Problem of Social Cost[J]. Journal of Law and Economics，1960，3(10)：1-44.
[6] 张维迎. 博弈论与信息经济学[M]. 上海：上海三联书店，上海人民出版社，2004：154-156.

第二篇

案例分析与实践问题

海洋污染损害赔偿案件中举证责任分配原则的经济学分析

——以金港水产与雅河船务污染损害纠纷案为例

摘　要:海域污染损害赔偿案件是我国多发的案件类型之一,其举证责任分配规则直接影响到各方当事人的切身利益,也影响到海洋污染治理和海洋资源保护工作的力度。以“举证成本最小化”作为举证责任分配的指导原则,既符合法律经济学的效率观念,也有利于海洋资源的保护和利用,应该成为当前相关案件审判的主要规则。举证成本最小化能够为我国现行法律中关于举证责任分配的一般规则和特殊情形提供一致的解释,并且能够回答在法律缺乏相关举证规定的例外案件中,如何进行举证责任的分配。以海洋污染损害赔偿案为例,所阐述的结论完全可以在其他类型的民事案件中进行拓展适用。

关键词:海洋污染、损害赔偿、举证责任、经济学分析

一、案件回顾①

原告:大连金港水产开发服务公司(以下简称原告)。

被告:巴拿马雅河船务公司(以下简称被告)。

原告诉称:被告所有的“雅河”轮与另一艘船“易山”轮在中国大连大窑湾海域发生碰撞,致“雅河”轮大量船用柴油泄露,造成原告在此海域内养殖的牙鲆大量死亡,故诉至法院,请求判令被告赔偿损失共计人民币 729044 元(以下币种均为人民币),并承担诉讼费、证据保全费和鉴定费。

被告辩称:原告虽诉称其因碰撞船舶溢油污染造成损害,但未能根据举证责任的分配,向法院提供足够的证据证明“雅河”轮泄露的柴油或清污过程中使用的消油剂污染了其养殖区海域并给其造成了损失,故请求法院驳回原告的诉讼请求。

---

① 本文所引述的案例来源于北大法意网案例资源库。

法院确认以下事实：原告承包了中国大连大窑湾的海域，在此设置了52个网箱，并陆续将117620尾鱼苗投入网箱。随后被告所有的“雅河”轮与长锦天津航运公司所有的“易山”轮在大窑湾海域发生碰撞，“雅河”轮油舱内的0号柴油泄露，中华人民共和国辽宁海事局立即组织对泄露的柴油使用围油栏、吸油毡和消油剂进行了清污。随后，原告发现其养殖的牙鲆有部分死亡，并且死亡数量逐日增多。

法院认为：根据《中华人民共和国民法通则》第146条第一款关于侵权行为的损害赔偿，适用侵权行为地法律的规定，本案适用中华人民共和国法律。又因本案系环境污染损害的赔偿纠纷，属《中华人民共和国民法通则》124条所规定的特殊侵权案件。对举证责任应做如下分配，即原告对“雅河”轮溢油造成其养殖海域污染及污染后果举证，被告对两者之间没有因果关系或具有法定免责事由举证。

法院判决：原告未能举证证明“雅河”轮溢出的0号柴油污染了其养殖海域，而被告也未能证明“雅河”轮溢油与原告养殖的牙鲆大量死亡不存在因果关系，但由于原告举证不能的原因可以免除被告的举证责任，因此，原告应承担举证不能的法律后果。判决驳回原告大连金港水产开发服务公司的诉讼请求。

二、本案争议的三个核心问题

本案争议的核心问题有三个：一是“雅河”轮的溢油是否污染了该养殖海域；二是牙鲆大量死亡的原因是什么；三是谁来为回答上述问题提供证据，或者谁来回答上述问题。

前两个问题是事实的认定问题，所谓“以事实为根据，以法律为准绳”，如果这两个问题不能得到有效的认定，判决失去依据。从本案的审理过程来看，这两个问题的答案实际上并没有得到有效的确认，真相为何并不清楚，因此，法院驳回或者支持原告的诉讼请求实际上都是没有事实依据的。

第三个问题则涉及举证责任的分配问题。《最高人民法院关于适用〈中华人民共和国民事诉讼法〉若干问题的意见》(1992年)第74条规定：“在诉讼中，当事人对自己提出的主张，有责任提供证据。但在下列侵权诉讼中，对原告提出的侵权事实，被告否认的，由被告负责举证：……(3)因环境污染引起的损害赔偿诉讼；……”

根据上述举证规则第三款，本案的举证责任应该由被告承担，所谓“举证之所在，败诉之所在”，如果由被告来负责回答前述两个事实问题，则判决结果可能完全不同。如果事实已经无法准确证明，那么举证责任的分配必是决定案件判决结果的关键。本案的审理过程和判决结果说明了这一点。

本案的审理中，法院对举证责任的分配是：由原告证明鱼的死亡由被告柴油泄漏造成，而由被告证明柴油泄漏与鱼的死亡没有关系。这样的一种分配举证责任的方式，实际上是重复的，也没有主次之分，双方的地位实际上是对等的，因而原告举证不能也不意味着被告免除举证责任，否则，既然被告举证不能，也应该免除原告的举证责任。所以，本案最后判决驳回原告的诉讼请求在逻辑上是存在漏洞的。

如果说本案具有一定的代表性，那么在此类涉及海洋污染损害赔偿的案件中，举证责任分配则是案件判决结果的关键影响因素，应该如何来分配举证责任则是理论研究不可忽略的重要问题。

三、举证责任分配的原则及其经济学分析

（一）举证的一般原则及例外规则

我国《民事诉讼法》第 64 条规定："当事人对自己提出的主张，有责任提供证据。"根据此条规定，当事人在民事官司中对自己所主张的事实，有提供证据加以证明的责任，即"谁主张，谁举证"，这就是我国《民事诉讼法》规定的一般举证规则。

而《最高人民法院关于适用〈中华人民共和国民事诉讼法〉若干问题的意见》(1992 年)第 74 条规定："……但在下列侵权诉讼中，对原告提出的侵权事实，被告否认的，由被告负责举证：(1)因产品制造方法发明专利引起的专利侵权诉讼；(2)高度危险作业致人损害的侵权诉讼；(3)因环境污染引起的损害赔偿诉讼；(4)建筑物或者其他设施以及建筑物上的搁置物、悬挂物发生倒塌、脱落、坠落致人损害的侵权诉讼；(5)饲养动物致人损害的侵权诉讼；(6)有关法律规定由被告承担举证责任的。"这就是所谓的举证责任倒置。

虽然举证责任是当事人应尽的义务，但我国《民事诉讼法》第 64 条第 2 款同时又规定，在某些情形下，对某些证据，人民法院应当强制收集。这些情形主要包括：一是当事人及其诉讼代理人因客观原因不能自行收集证据；二是人民法院认为审理案件需要的证据；三是人民法院认为需要鉴定、勘验的证据；四是当事人提供的证据互相有矛盾，无法认定的证据。

除了以上四种情形由人民法院调查收集证据外，其余情形都应由当事人及其诉讼代理人调查收集。

因此，关于举证责任的分配原则，目前存在三种具体类型：一是由诉讼当事人为自己的主张提供证明，这也是举证责任分配的一般原则；二是在特殊侵权案件中由原告提出主张，而被告否认的，由被告方负举证责任；三是在特殊情形下，由法院依法强制收集证据。

(二)举证责任分配的经济学分析

上述关于举证原则的三种类型,在法学上并没有一致的理论论证,一般的阐述是根据“公平”原则,当事人既然有主张,就应该负有提供证明的责任,主张的权利与举证的责任是对等的。[1]这对于举证责任分配的一般原则提供了一个基于公平理由的论证,至于是否证成该项原则,这里先不做讨论。遗憾的是,这种证明方式和理由,无法应用于特殊侵权案件中举证责任倒置和法院强制搜集证据的特殊情形。[2-4]因此,单纯以“公平”作为法律原则的论证基础,显然是无法令人信服的,也无法解释众多的特殊和例外。尤其是当实践中出现法律没有规定的特殊情况时,又该如何进行处理呢?所以,必须从理论上寻求一个统一和坚实的论证基础,为各种举证责任的分配预案提供一致的解释,并能够在出现特殊情况时,为实际的审判工作提供有益的指导。这个理论基础不在法学,而是在经济学理论中,正如大卫·D·弗里德曼所说:“……正义无法适当地解释法律,一则是因为多到令人吃惊的数量的法律问题和正义无关,二则是因为我们没有适当的理论去判断哪些法规是正义、那些又是不正义的。……在许多、虽然很可能并非全部的案件中,显示我们认为我们是因为正义才给予支持的那些法规,其实是因为它们是有效率的。”[5]经济学的分析可以为上述三个类型的举证规则提供一致的解释基础。

从法律经济学对于各种法律规则的分析来看,这些法律规则并非基于所谓的“公平”或者“正义”,实际上是基于经济上的效率原则,或者是成本最小化,或者是财富最大化。如果从成本最小化的视角出发,举证责任分配的各种类型就不难解释了。因此,如果说各类举证责任必须有一个统一的理论基础,这个基础就是“举证成本最小化”。根据举证成本最小化的要求,我们可以提出以下举证责任分配规则。

规则1:当举证责任无法分别承担时,由各方当事人及法院中举证成本最小方承担举证责任。比如,当事人1的举证成本为C_1,当事人2的举证成本为C_2,法院举证成本为C_3,则举证责任由C_1、C_2、C_3中的最小方承担。

规则2:当举证责任可以分割承担时,由各方当事人和法院按照规则1分别承担举证责任,使举证成本总值最小。比如,案件的举证可以分割为A和B两个部分,那么A和B两部分的举证责任可以按照规则1的分配方式,由举证成本最小方承担,以使得举证成本总值最小。

依照上述规则,对本文第一部分引述的案例进行分析,不难发现,其中举证责任包括两个方面:A. 柴油泄漏污染了养殖海域;B. 牙鲆大量死亡是柴油污染造成的。对于原、被告双方来说,其举证成本大小没有本质的差别,因此统一用C_A和C_B来表示。如果由原告负举证责任,则举证成本为C_A+C_B,即原告必须同时证成A和B两个方面，才能胜诉；如果由被告负责举证，则被告只需否证A或B，便可胜诉，因而举证成本为C_A或者C_B。因此，在该案例中，如果由被告承担举证责任，则举证成本总值将达到最小化，而本案却将举证责任分配给原告，显然是举证责任分配不当。当然，如果法院能够以更低的成本证成或者否证上述两个方面，举证责任应该配置给法院更为合理。

四、举证成本最小化规则的社会意义

按照举证成本最小化的经济规则，前文案例中的被告是最小举证成本的承担者，当其无法有效否证A或者B，被告方将败诉，并承担原告所遭受的鱼类损失。这一判决结果对于原告来说固然重要，而其所蕴含的社会意义也是不容忽视的。尤其是在国家大力提倡发展海洋经济的背景之下，其意义更是非同小可。

回到海域污染问题。海域污染事件在我国海洋使用过程中，每年发生的次数超过所有其他国家，排世界第一位，其造成的环境和经济损失不容忽视。为何在我国海域污染事件频发，究其原因可能有以下几个方面：一是我国的海域使用监管力度不足，已经发生的污染事件也没有发现；二是相关法律法规对海洋污染的处罚较轻，对污染者难以形成威慑作用；三是污染发生后，被损害者获得损害赔偿较为困难。

尤其是第三个原因，在本文所引述的案例中表现最为明显，因为海洋污染与其他污染相比，具有一定的特殊性，这种特殊性往往造成被损害者举证困难，从而无法获得应得的赔偿。海洋污染的特殊性一般表现在以下两个方面：(1)污染的暂时性。由于海水本身是不断循环和流动的，污染发生后，随着时间的推移，污染物会随着海水的流动向其他海域扩散，而最初污染的海域可能很快恢复原样。同时，污染物的浓度也会不断稀释，最后甚至痕迹全无。这就使得海域污染事件的相关证据难以及时发现和保护，为被损害者举证带来较大的障碍。尤其是当被损害者发现损失时，可能污染事件已经发生了一段时间，举证将更为困难。(2)损害的不确定性。海洋污染事件发生后，其可能扩展的污染区域以及污染可能造成的后果实际上是不确定的，即使是同在一个海域的不同养殖者，其受到损害程度的大小也会有较大差别。这就给损害和污染行为之间的因果关系确定造成了困难，进而被损害者可能因为举证不能而无法得到赔偿。

根据上述分析，如果在海域污染损害赔偿案件中依然坚持“谁主张，谁举证”的原则，则被损害方不得不同时确证两件事情：一是污染已经发生；二是污染与损害之间具有合理的因果关系。但其中任何一件事情在举证上都存在很大的困难,因而举证成本总值将极高。如果按照本文所提出的举证责任分配规则,污染者将承担主要的举证责任,只要其能够否证上述两件事情中的任何一件,则不需要承担任何赔偿责任,此时的举证成本总值也是最小的。所以,在海洋污染损害赔偿案件中应该主要由污染者承担举证责任,这符合法律经济学的"效率"原则,能够实现举证成本最小化的要求。

即使撇开前述经济规则,只考虑法院判决结果的社会影响和意义,让污染者承担举证责任也是十分必要的。既然损害已经发生,总要有人来承担相应的损失。既然双方都已经无法确认事实,那么是由污染者来承担责任还是由受损者承担责任,从法院判决对社会影响的视角分析,谁最终承担责任要取决于当下的社会需要什么。如果我们的社会要保护海洋,促进养殖业发展,由污染者承担责任就是合理的;如果我们需要减少海洋污染,治理海洋污染,那么就应该由污染者承担损害赔偿的责任。除非污染者能够证明他的污染行为没有给相关海域用海权益造成损失。因此,在保护海洋和发展海洋经济的大背景之下,基于前瞻性的视角,海域污染损害赔偿案件的主要举证责任也要由污染者来承担,这符合社会发展的需要和民众的要求,能够体现出法律作为社会治理工具的重要作用。

上述对于判决结果社会影响和意义的分析,似乎与法律经济学的效率原则相距较远,甚至风马牛不相及,实则不然,考虑法院判决的社会影响正是法律经济学题中应有之意。法律经济学认为法律应该成为人类创造幸福的工具,面向未来并替社会寻找最好的出路才是法官判决的主要任务。[6]考虑判决的社会影响和意义,正是法律经济学思想的表达方式之一,或者用经济学的语言来描述,就是追求"社会影响和意义的最大化"。我们也可以把"社会影响和意义的最大化"作为"举证成本最小化"规则的对偶规则来理解,因为所谓"社会影响和意义的最大化"不过是经济学中收益最大化的一种具体形式而已。

五、结论

海域污染损害赔偿案件是我国多发的案件类型之一,其举证责任分配规则直接影响到各方当事人的切身利益,也影响到海洋污染治理和海洋资源保护工作的力度。本文的分析表明,以"举证成本最小化"作为举证责任分配的指导原则,既符合法律经济学的效率观念,也有利于海洋资源的保护和利用,应该成为当前相关案件审判的主要规则。《最高人民法院〈中华人民共和国民事诉讼法〉若干问题的意见》(1992年)第74条关于特殊侵权案件实行"举证责任倒置"的相关规定,实际上是"举证成本最小化"原则的一种特殊表述,只是没有进一步深入而已。而我国《民事诉讼法》第64条关于特殊情形下由法院依法强制搜集证据的相关规定，也完全可以用“举证成本最小化”来进行解释。

因此，举证成本最小化能够为我国现行法律中关于举证责任分配的一般规则和特殊情形提供一致的解释，并且能够回答在法律缺乏相关举证规定的例外案件中，如何进行举证责任的分配。本文以海洋污染损害赔偿案例作为出发点，所阐述的结论完全可以在其他类型的民事案件中进行拓展适用。

参考文献

[1] 李才锐.我国产品责任归责的法经济学分析[J].学术论坛，2007(04).

[2] 刘廷华.刑讯逼供的规制策略研究——法经济学视角[J].北京政法职业学院学报，2011(03).

[3] 武全.法经济学视角中的举证责任倒置：原因和意义[J].安徽警官职业学院学报，2004(04).

[4] 史晋川.一桩狗咬人的民事诉讼官司——举证责任的法律经济学分析[J].经济学家茶座，2008(06).

[5] 大卫·D·弗里德曼.经济学语境下的法律规则[M].北京：法律出版社，2004.

[6] 罗伯特·D.考特，托马斯·S.尤伦.法和经济学[M].上海：上海财经大学出版社，2002.

海洋侵权损害赔偿额的计算原则

——以长岛县养殖区与陶克森航运公司损害赔偿纠纷案为例

摘　要:海洋领域侵权损害赔偿问题的经济学分析表明,对损害赔偿金的综合计算需要考虑侵权行为的多种特征,如被侵害财产的特征、侵害行为的短期和长期影响、受害者的经济损失和非经济损失及侵权人逃避惩罚的概率等等。对侵权者处以一般的补偿性赔偿金是普遍的做法,而在一定的条件下,还需要处以惩罚性赔偿金,才足以激励侵害人采取有效率的预防措施或者进入有效的谈判过程。

关键词:海洋侵权、损害赔偿、补偿性赔偿、惩罚性赔偿

一、案情介绍[①]及拟讨论的问题

本案原告为长岛县扇贝养殖区九家养殖户及企业,被告为陶克森航运公司。由于被告所属希腊籍“多瑞”(MVDORY)轮违反禁航规定在中国海域由东向西穿越九原告扇贝养殖区,造成九原告扇贝和设施损失。法院认定:九原告的养殖区属合法养殖区,依法受法律保护。九原告扇贝养殖区内养殖物及设施损坏,系被告所属“多瑞”轮盲目违法航行所致,属单方责任事故,被告的行为已构成对九原告的侵权,九原告与被告之间存在民事侵权法律关系。依据我国《民法通则》的有关规定,被告应向九原告承担全部民事责任,并赔偿由此给九原告造成的经济损失。

由于当时正处于扇贝的收获季节,因此原告坚持按照 6 元/斤的市场价格进行赔偿;而烟台港监相关专家认为应该按照养殖成本约 5.4 元/斤进行赔偿。最终法院尊重了原告的意见,按照市场价格计算原告的相应损失作为赔偿。

对于本案的责任认定问题,本文不准备进行讨论,而对于相关赔偿额的计算,则需要进行深入的理论分析,才能确定合理的计算依据,否则有可能导致赔

---

① 本文所引述的案例来源于北大法意网案例资源库。

偿额计算上的偏差。尤其是有关海洋环境污染并导致养殖场损失的这类案件，不仅涉及个体的损失计算，可能还涉及公共环境的损失计算，因而更值得进行探讨。

二、现行法律关于侵权赔偿额的计算标准及存在的问题

我国现行的有关侵权赔偿额的法律计算标准和方法，是依据不同的侵权类型分别予以规定的，并不存在一个统一的计算方法。但归结起来，仍然能够看出各种赔偿额计算方法中的共同之处，就是以被侵权者实际损失为标准，部分情况下，预期损失和精神损失也能够得到一定的支持。我国的损害赔偿，原则上采用损害全部赔偿制度[1]。

我国《侵权责任法》第 19 条规定："侵害他人财产的，财产损失按照损失发生时的市场价格或其他方式计算。"按照该条款的规则，计算损害赔偿的一般标准是被损害财产的市场价格，或者说是确定损害赔偿额的优先标准；在没有相应市场价格的情形下，可以采取其他计算标准，如我国《商标法》第 56 条规定："侵权商标专用权的赔偿数额，为侵权人在侵权期间因侵权所获得的利益，或者被侵权人在被侵权期间因被侵权所受到的损失，包括被侵权人为制止侵权行为所支付的合理开支。前款所称侵权人因侵权所得利益，或者被侵权人因侵权所受损失难以确定的，由人民法院根据侵权行为的情节判决给予 50 万元以下的赔偿。"

依据我国现行的侵权损害赔偿额的计算标准，受侵害者的实际损失是需要予以全额补偿的，这就是所谓的"补偿性损害赔偿"，也是我国各类侵权案件的主要赔偿原则，即使受害者恢复到未受损失时应享有的相同利益或者效用的赔偿。补偿性赔偿金的数额应以受侵害者实际可折合成财产的损失为标准[2]。

对受侵害者的全部实际损失予以赔偿，该原则表面看起来似乎清晰合理，但在实际计算中存在许多问题需要考虑：

(1)被侵害者全部损失是否既包含财产损失，也包含精神损失？

(2)被侵害者全部损失是否既包含直接损失，也包含间接损失？

(3)被侵害者的全部损失是否既包含私人损失，也包含相应的社会损失？

比如，在本文所引述的案例中，以市场价格计算养殖户的损失，是否应该扣除养殖户收获扇贝期间所付出的相应成本？如果单纯以市场价格计算，其补偿明显超过养殖户的收益，与现有法律原则实际上存在一定的矛盾。反之，如果仅以养殖成本进行补偿，则补偿额又会明显低于养殖户的预期收益，对养殖户来说一年的辛苦付之东流，显然有失公平。因此，本案看似简单的损害赔偿计算，实际上仍存在很多可探讨之处。而涉及海洋污染损害赔偿的问题，其计算

可能更为复杂，因为在海洋污染损害中，不仅存在相关涉海单位的私人损失，也涉及因为污染而造成的社会损失，如果仅仅计算私人损失，对于污染者来说其付出的代价可能远远小于其造成的损害，则不能够有效制止其海洋污染行为。

有学者认为，由于环境侵权损害本身存在的潜伏性、滞后性以及延续性等特征，补偿性赔偿无法真正实现对受害人的赔偿和对侵权人的惩罚，就需要引入惩罚性赔偿金。惩罚性赔偿金是指超过补偿性赔偿金以外的损害赔偿，惩罚性赔偿金不仅是对受害人的补偿，而且是对侵权人的惩罚；不仅具有补偿的功能，而且具有制裁和预防的功能。惩罚性赔偿是对受害者加大维权力度，对侵权者加大惩罚力度的规制措施，更能有效地规制侵权人的行为[3]。

引入惩罚性赔偿金固然对于相关侵权者产生一定的威慑作用，但惩罚性赔偿金又应该如何计算？这个问题与前面补偿性赔偿金的计算问题存在同样的逻辑，单纯依靠法律本身范围内的讨论是无法予以解决的，必须寻求新的思路，这就是经济学的相关理论。

三、赔偿额计算的经济学探讨

从经济学的视角分析，法律规则作为社会制度的一种形式，在客观效果上和其他经济制度一样，也是为了引导各类经济主体采取有效率的经济行为。因此在侵权案件中，侵权赔偿计算的标准也要体现出相应的效率原则。

（一）经济学的效率原则

侵权案件一般的经济学分析要划分为两个阶段。

第一阶段是确定侵权者是否存在过失行为，即未尽到足够的注意义务而造成其他人的损害发生。对此的经济学判断一般包括两项：一是以汉德法官的过错责任公式作为依据，即当 $B<PL$ 时（P：损失概率；L：损失金额；B：预防成本），加害人才构成过错，需要承担相应的侵权责任。二是卡拉布雷西认为，预防标准的计算以是否达到预防边际成本和预防边际收益相等为基础，如果预防边际成本<预防边际收益，则加害人预防投入不足，应该承担侵权责任。这两项经济学原则表面看存在一定的区别，前者以事故的整体防范为对象，而后者以事故防范的边际变化为对象，但本质上是一致的，只是适应不同的侵权情况而已。一般来说，前者适合事故不可分或者离散的情形，而后者适合事故可分或者连续的情形。

第二阶段则是在侵权责任明确以后，确定侵权行为损害赔偿额的大小。由于侵权行为发生时，加害人一般并不清楚受侵害者的特征，因而在第一阶段确定损失金额时，要以社会平均状况为标准，不可能考虑到被侵害者个体状况的特殊性，因此，侵权事件发生后需要根据个案确定相应的损害大小。按照斯蒂文·萨维尔的分析[3]，侵权行为造成的损害包括三个基本类型：一是实际损失，即已经发生的财产损失和人身伤害；二是经济损失，即被侵害者因事故损失的利润；三是社会损失，即社会福利的减少。在计算侵权赔偿额时，应该实际损失加社会损失为标准，只有这样才能保证降低风险的激励达到最优状态。

由于社会损失很难观察和计算，因此在实际计算损害赔偿额的过程中，一般以经济损失经调整后替代社会损失。因此，这里需要仔细辨明经济损失与社会损失的关系，从而合理计算损失赔偿额的具体数值。下面的例子用来阐明经济损失和社会损失的关系。

案例：一个事故阻碍了一件产品的生产。每单位产品生产成本为10，产品售价为13，消费者从每件产品获得的效用为15。则该事故造成的实际损失为生产成本10，经济损失为13－10＝3，而该事故造成的社会损失则依据不同情况有所差别。如果该产品生产和销售没有其他替代方式，则该事故所造成的社会损失就是消费者无法获得这件产品的福利损失，其大小为15－10＝5，那么赔偿额将等于实际损失加社会损失之和为15；如果其他厂商可以同样成本生产该件产品，则消费者几乎不会受到影响，此时的社会损失为0，那么赔偿额将等于经济损失加社会损失之和为10。

上述案例表明，实际损失是侵权案件中最容易计算的部分，因而不需要过多说明，而经济损失与社会损失之间并不完全相同，以经济损失来估计社会损失，必须依据不同的情况进行合理调整。

（二）几种情形下损失赔偿的计算

1.抵消。作为被侵权者，其实际损失应该将其不受侵权情形下必须支付的费用从损害赔偿中扣除。比如，受伤住院者的食物支出不能计入其赔偿额中，因为即使不受伤也要有这部分支出；一个因自己汽车被撞而不得不租车的人，其购买汽油的支出不能计算为其损失。

2.修理与重做。受侵害者的财产损失不一定是全部财产损失，一般可能通过维修予以补救。如果维修比重做更加便宜，则被侵害者的实际损失就是修理成本。因此，修理成本与重做成本最小者作为损害赔偿的数值。

3.对于过去损失的利息以及未来损失的折现。受侵害者在获得侵害者的具体赔偿时，损害事实的发生可能已经过去了很长一段时间，这段时间所产生的利息要计算在侵害赔偿额中。而受害者还有可能在未来一段时间内遭受持续损失，这些损失也要考虑到损害赔偿额的计算中，这些未来损害的应以其现值作为计算的标准。

4.对于通货膨胀的调整。如果在损害发生期间发生明显的通货膨胀，那么需要考虑侵权者赔偿受侵害者时所受到的通胀的影响，以通货膨胀率对赔偿额进行适当调整。

5.间接利益与馈赠。如果在侵害发生后，受侵害者能够从其他渠道获得一定的补偿，侵权人的赔偿额是否可以予以相应减免？一般来说，为了激励侵权人采取有效的预防措施，其赔偿额不应予以减免。但在侵权人主动购买保险等情形下，赔偿负担可以转移给保险公司等其他主体承担。

6.税前收入与税后收入。侵权人应付负担的赔偿金额应该预期造成的损害相适应，在计算赔偿金额时应该计算被侵害者的税前收入而不是税后。

（三）加害人赔偿额高于损失的情况

一般来说，当加害人的赔偿额与其所造成的损害相一致时，才能够激励最有效率的预防措施，过低或者过高都可能造成效率损失。但具体情况可能有多种，需要考虑某些情形下对加害人施加比较严厉的惩罚措施。

1.加害人存在逃避社会惩罚的几率。如果加害人的侵权行为并不是一定被发现，或者有时难以找到加害人，这时如果仅仅让赔偿金与损失额大小一致并不能激励加害人采取有效的预防措施。为此，需要依据逃避惩罚概率的大小对侵害人的侵权行为予以一定的惩罚。在加害人被起诉时，其所负担的责任必须包括其实际造成的损害加上其因逃避起诉而可能获得的好处。

2.加害人从侵权行为中获得非法效用或收入。如果加害人在侵权过程中，从其他人的损失中获得了额外的效用，如损坏别人的财物而泄私愤，在社会看来其所获得的效用或者收入都不是社会所鼓励或者认可的，不应予以鼓励。因此，加害人的责任应该是其所造成的社会损失加上其所获得的非法效用或者收入。

3.引导加害人与受害人之间的谈判。假设加害人能够与潜在的受侵害人进行谈判并支付相应的损害赔偿以从事对其他人有损害的活动，而一般来说通过谈判达成的结果是社会最优的，在上述情形下，法院可以将责任的大小确定在高于社会实际损失的水平上以促进双方的谈判。

4.受侵害人存在经济利益以外的损失或者远期损失。如果受侵害人除了经济利益以外还存在其他方面的损失，如精神、名誉等，那么对于加害人来说，其承担的责任应该高于其所造成的经济损失。按照经济学逻辑，损害赔偿金应该与加害人对全社会所造成的实际损害和预期损害相适应。这里的实际损害是指已经发生的经济损害及人身伤害，而预期损害则是由于侵权行为后果存在持续性可能造成的经济损害及人身伤害等；同时，上述损害既包括侵权行为造成的私人损害，也包括侵权行为造成的社会损害，既包括经济损害，也包括非经济损害。因此，损害赔偿额的计算要将当期和远期、个体利益和社会利益结合起来考虑，从而得到侵权的真正损害。

四、本案及类似案件赔偿额的计算

依据本文前面的分析，在侵害行为发生后，损失赔偿金的计算既不能简单以成本来计算，也不能简单以售价来计算，需要依据被损害的财产类型以及侵权而造成的现实损失、经济损失以及非经济损失等多个方面综合考虑。

在本文所引述的航运公司与养殖户的损害赔偿纠纷案件中，需要考虑被侵害财产的特征以及其他具体情形。

1. 养殖的贝类需要一定的养殖周期，一般要几个月甚至更长时间才能成熟上市，与一般的工业制造品可以即时制造出来存在很大的差别，因此，不能单纯以生产成本计算养殖户的损失。

2. 养殖户从事养殖的目的是为了获得利润，因此，在计算赔偿额的时候必须将养殖户的利润考虑进去，因而需要在生产成本的基础上加上养殖户因财产损失而损失的利润。

3. 不能单纯以产品市场价格来计算养殖户的损失，因为养殖户一般还要通过一定的流通环节才能将产品销售给最终的消费者，其售价一般要低于最终的零售价格。

4. 在计算养殖户损失的销售收入时，不能将全部销售收入计算在养殖户的损失中，还要注意其中需要扣除的部分，如为了收获海产品而付出的相应人力、物力成本，这些成本在没有受到侵权损害时也是需要付出的。

5. 考虑到航运公司存在逃避诉讼的可能性，如其侵权行为没有被发现，应该征收航运公司一定的惩罚性赔偿金，这些赔偿金可以作为养殖户损失的补偿或者予以上缴国库。

6. 类似案件中可能还要考虑侵权行为给社会带来的潜在危害，如环境污染等。因而一般在海洋侵权案件中需要考虑增加惩罚性损害赔偿金，以抑制相关主体对海洋造成损害的行为。

五、结论

海洋领域侵权损害赔偿问题的经济学分析表明，对损害赔偿金的综合计算需要考虑侵权行为的多种特征，如被侵害财产的特征、侵害行为的短期和长期影响、受害者的经济损失和非经济损失及侵权人逃避惩罚的概率等等，对侵权者处以一般的补偿性赔偿金是普遍的做法，而在一定的条件下，还需要处以惩罚性赔偿金，如此才足以激励侵害人采取有效率的预防措施或者进入有效的谈判过程。

海洋领域的侵权行为实际上是整个侵权行为领域的一个组成部分，其原则不仅适用于海洋侵权行为领域，也适用于其他侵权领域，其原则可以在其他领域进行推广和拓展。

参考文献

[1] 张初霞. 侵权损害赔偿的客观与主观计算[J]. 广西政法管理干部学院学报，2012(05).

[2] 周晓唯，卢海旭. 对环境污染侵权行为损害赔偿的经济学分析[J]，山西大学学报(哲学社会科学版)，2009(02).

[3] 斯蒂文・萨维尔. 事故法的经济学分析[M]. 翟继光译. 北京：北京大学出版社，2004.

区分合法利益与非法利益的经济学标准

——以刘远和与广西合浦西场永鑫糖业有限公司案为例

摘　要:能够给社会带来益处的、为社会所愿意接受的私人利益为合法利益;不能给社会带来益处、为社会所不愿意接受的私人利益为非法利益。从社会的角度区分合法利益和非法利益,而不是考虑私人行为是否符合合法律规范,本质上就是为了保护社会所期待的利益,惩罚损害社会利益的行为。损害合法利益即为侵权行为,损害非法利益无须承担责任。

关键词:合法利益、非法利益、经济学标准

一、案情回顾①

原告刘远和经营的115亩文蛤养殖场位于合浦县西场镇鲎港江出海口高沙海域。2002年8月至10月,其筹资购买文蛤苗26900千克投放养殖场。2003年11月期间,原告文蛤养殖场与周围养殖场同时突发大面积文蛤死亡现象。经环保部门和水产行政主管部门调查,其主要原因是被告广西合浦西场永鑫糖业有限公司向原告文蛤养殖场海域违法排放严重超过国家规定排放标准的污水,污染面积达3653亩,造成文蛤死亡2118000千克,直接经济损失9319200元。其中原告经济损失300973.2元。

法院认为:原告既未取得海域使用权,又未取得养殖权,其养殖行为显属非法使用海域和非法养殖。根据《中华人民共和国民法通则》第5条"公民、法人的合法的民事权益受法律保护,任何组织和个人不得侵犯"和《海域法》第23条"海域使用人依法使用海域并获得收益的权利受法律保护,任何单位和个人不得侵犯"、第42条"未经批准,非法占用海域的,责令退还非法占用的海域,恢复原状,没收违法所得……"及农业部《完善水域滩涂养殖证制度试行方案》第4条"养殖证是生产者使用水域滩涂从事养殖生产活动的合法凭证。持证人从事

① 本文所引述的案例来源于北大法意网案例资源库。

养殖生产的合法权益受法律保护。当水域滩涂因国家建设及其他项目征用或受到污染造成损失时，养殖者可凭养殖证申请补偿或索取赔偿”的规定，原告非法使用海域非法养殖文蛤获得的利益属非法利益，不应受国家法律法规的保护。故对原告请求被告赔偿养殖文蛤损失的主张，应依法予以驳回。

法院认为，原告未取得海域使用权和养殖权，擅自将文蛤苗非法投放养殖，违反了《海域法》和《渔业法》的强制性规定，其行为具有过错，致使文蛤被污染造成损害，原告应自负主要责任。但考虑到原告对购买的文蛤苗具有合法的财产权，被告违法排污造成原告投放的文蛤苗损失应予适当补偿。原告购买文蛤苗 26900 千克文蛤苗，按《专家意见》损失率 0.7367 计算，原告文蛤苗损失为 158538 元(26900 千克×0.7367×8 元)。原告对此损失应承担 60%的责任，被告承担 40%的责任。

二、本案的核心问题

本案的核心问题有三个：

(1)被告是否存在污染行为？

(2)被告的污染行为与文蛤死亡之间是否存在因果关系？

(3)原告是否拥有相应合法利益？

根据本案的相关叙述，前面两个问题已经不存在疑问，即被告存在污染行为并与文蛤死亡之间存在明确的因果关系；而第三个问题则存在进一步深入探讨的必要。

根据本案的法院判决意见，由于原告未取得合法海域使用权和养殖权，因而原告的养殖权益不受到法律保护，原告不能获得养殖损失的全部赔偿，但考虑到被告也存在一定的过错，因此，被告可以获得其投入文蛤苗成本 40%的赔偿。

在这里，上述判决的法律推理存在明显的逻辑不一致：一方面，法院认为原告没有合法养殖权益，如果原告的养殖权益属于非法利益而不受到法律的保护，那么原告的诉讼请求应该予以驳回，40%的文蛤苗投入成本也不应该得到补偿；另一方面，又给予原告 40%的文蛤苗投入成本的补偿，这说明养殖户存在某些合法养殖利益为法律所保护，同时按照文蛤苗的赔偿标准，其他养殖投入成本也应该按照 40%的比例予以补偿。所以，本案的判决从法律本身的逻辑来看存在明显的缺陷，基本原因在于法院对合法利益与非法利益的区分并不明确，因而也就无法准确判定原告与被告的权责关系。

从另外的一个视角来分析，本案的判决存在更大的一个问题是：被告作为海域污染者并没有承担应有的责任。如果污染者承担的责任小于其所造成的损害，那么污染者将没有激励减少污染行为，对社会来说就造成了经济效率的损失；只有让污染者承担与其行为所造成的社会损失相一致的赔偿责任，才能够激发其采取合理的有效率的预防措施，以减少对海洋环境的破坏。

因此，本案的判决无论从法律视角还是从经济学视角来评价，都存在明显的不合理之处，需要进一步的探讨。

三、合法利益与非法利益的区分标准

合法利益一般指符合法律规定的权利和利益。在我国，公民的合法利益包括宪法和法律所规定的政治权利、民主权利、人身权利、经济权利、教育权利等。法学界对"合法利益"与"非法利益"的区分理论通常主要包括以下几点：第一，所谓"合法利益"就是受法律保护的利益，只有法律条文中明确规定的、纳入法律保护区域的利益才是"合法利益"，除此之外全是"非法利益"；第二，"非法利益"就是不在法律保护范围之内，法律条文中没有明确规定，通过不合法的或者法律禁止的方式获得的利益，如违章建筑、不当得利等[1]。依据上述标准，合法利益与非法利益的区别主要取决获取利益方式本身的合法性与非法性，而不在于利益本身的区别：如果行为方式合法，该行为给行为者所带来的利益就是合法利益；如果行为非法，该行为给行为者所带来的利益即为非法利益。可见，法律上关于合法与非法性质的区分以行为过程为主要对象，如果过程非法，结果一定是非法的。

但是，在现实当中可能存在一些特殊情况，或者是经常出现的一些情形可能是：行为过程合法但具有非法利益，或者行为过程非法但具备合法利益。前者如紧急避险保护了自身的利益，却造成对他人人身或者财产的伤害，行为本身虽然合法，但可能需要对受害者进行一定的赔偿；后者如在他人物上进行加工而获得物的所有权，行为本身虽非法，但却可能获得一定的合法利益。

因此，对合法利益与非法利益的划分不能单纯以行为过程的合法性为标准，甚至根本不能以行为的合法性为标准，因为这一单一标准会带来利益合法性认定的错误或者矛盾。所以，依靠行为过程是否合法所区分的合法利益与非法利益对于侵权案件来说并不合理，从根本上说，只要侵权人所侵害的是社会所期望拥有的价值或者财富，那么侵权人就应该负担赔偿责任，无论该利益的拥有者如何获取该项利益。如果撇开物质利益的所有者，只考虑该利益是否为社会所愿意拥有这一维度，合法利益与非法利益的区别就非常清楚了：能够给社会带来益处的、为社会所愿意接受的利益为合法利益；不能给社会带来益处、为社会所不愿意接受的利益为非法利益。这就是从经济学视角对合法利益与非法利益的区分。实际上，这一区分标准与结果功利主义主张是一致的，而结果功利主义在违法性与合法性的判定上具有十分重要的地位，也是很多法学家所推崇的重要区分原则[2]。

回到本文所引述的案例，原告的养殖行为之所以被称为非法，是由于原告未取得相应海域的使用权而擅自开展养殖生产活动，即原告养殖行为本身是非法的，如果从行政管理的角度来看，这种行为应该受到相应的行政处罚，但并不意味着原告的生产成果全部为非法利益，因而按照我们上述所提出的判断标准，其生产成果是否属于非法利益，要看该生产成果是否是社会所愿意接受的物品。如果原告的养殖行为已经持续了很长时间，并且没有对其他利益主体造成任何显著的损害，那么明显的，该养殖活动的产出是社会所需要的，因而应该视其为合法利益。由此，作为侵害人的被告就需要承担相应的责任，不能因为原告属于非法养殖就逃避赔偿的责任。

四、赔偿金的计算和赔偿金的分配

按照萨维尔[3]的分析，侵权行为造成的损害包括三个基本类型：一是实际损失，即已经发生的财产损失和人身伤害；二是经济损失，即被侵害者因事故损失的利润；三是社会损失，即社会福利的减少。在计算侵权赔偿额时，应该以实际损失加社会损失为标准，只有这样才能保证降低风险的激励达到最优状态。在本文所引述案件中，需要考虑被侵害财产的特征以及其他具体情形。

1. 养殖的贝类需要一定的养殖周期，一般要几个月甚至更长时间才能成熟上市，与一般的工业制造品可以即时制造出来存在很大的差别，因此，不能单纯以生产成本计算养殖户的损失。

2. 养殖户从事养殖的目的是为了获得利润，因此，在计算赔偿额的时候必须将养殖户的利润考虑进去，因而需要在生产成本的基础上加上养殖户因财产损失而损失的利润。

3. 不能单纯以产品市场价格来计算养殖户的损失，因为养殖户一般还要通过一定的流通环节才能将产品销售给最终的消费者，其售价一般要低于最终的零售价格。

4. 在计算养殖户损失的销售收入时，不能将全部销售收入计算在养殖户的损失中，还要注意其中需要扣除的部分，如为了收获海产品而付出的相应人力、物力成本，这些成本在没有受到侵权损害时也是需要付出的。

5. 可能还要考虑侵权行为给社会带来的潜在危害，如环境污染等。因而一般在海洋侵权案件中需要考虑增加惩罚性损害赔偿金，以抑制相关主体对海洋环境造成损害的行为。

依据上述几个方面，最终的赔偿金大致可以分成两个部分：一是补偿性赔偿金,二是惩罚性赔偿金,前者主要用以弥补养殖户的损失,而后者主要是对海洋污染行为及其未来的潜在危害予以惩罚,以抑制侵害海洋环境的行为。一般来说,前者应支付给原告,而后者则可以支付给原告,也可以上缴国库,主要看未来的污染治理成本由谁来承担。如果由原告承担,则此部分赔偿金应该由其支配,否则,应该上缴国库,专用于海洋污染的治理。当然,在本案中,由于原告属于非法养殖行为,因而其不能够获得惩罚性赔偿金部分,同时,由于其非法用海并没支付相应的成本,这一部分要从补偿性赔偿金中扣除上缴国库。至于其非法养殖行为本身应该受到的行政处罚,则应该由相应的行政主管部门依法作出。

五、合法利益与非法利益经济学标准的本质

依照本文的分析,能够给社会带来益处的、为社会所愿意接受的利益为合法利益;不能给社会带来益处、为社会所不愿意接受的利益为非法利益。这就是从经济学视角对合法利益与非法利益的区分。如果从这一视角出发,很多容易产生困惑的问题就迎刃而解了。

案例1:某工程公司在施工过程中不慎将一居民的房屋损坏,后发现该房屋为该居民贪污所得购买,工程公司是否负有相应的赔偿责任?

案例2:某人参与赌博赢得20000元现金,回家途中遗失,拾取者是否有归还义务?

案例3:某人偷卖毒品时,价值50000元的毒品被抢,抢劫者是否应该归还或者给予被抢者一定的经济补偿?

按照我国现有的法律标准,上述案例中利益受损者的现有利益都属于非法利益,不受法律的保护,因此工程公司、拾取者以及抢劫者并没有侵害他人的合法利益,也不需要给予受损者以任何经济补偿。但在与上述案例类似的实际案件发生时,法院判决结果却存在较大分歧。原因就在于,如果对合法利益和非法利益的区分发生偏差,判决将失去重要依据。而按照本文所构建的经济学标准,上述案例的判决就不会产生任何分歧:第一,工程公司需要对房屋进行修缮,或者给予房主一定的经济补偿;第二,拾取者有归还现金的义务,不能据为己有;第三,抢劫者无须对被抢者负有任何归还或者补偿责任。房屋和现金,其本身都是社会所愿意接受和拥有的利益,以经济学标准来看,都属于合法利益,应该受到法律的保护,因此,损害房屋者及拾取现金者都存在相应的义务,至于维修后的房屋以及归还的现金如何处理,则是另外一个问题;毒品是社会所不希望拥有的利益,属于非法利益的经济学范畴,因而不能得到法律的保护,被抢

者得不到任何补偿，至于被抢者和抢夺者如何处罚也是另外一个问题。

从社会的角度区分合法利益和非法利益，而不是从私人行为是否符合法律规范，本质上就是为了保护社会所期待的利益，惩罚损害社会利益的行为。经济学标准的背后，实际上是私人利益与社会利益的差别。由于私人利益与社会利益经常存在不一致，某些行为可能给个人带来好处，但给社会带来危害；而另外一些行为可能对个人利益造成损害，却给社会带来益处。因此，衡量某种行为是否属于侵权行为，不能以是否侵犯私人利益作为标准，而是要以是否侵犯社会利益为标准。如果该行为损害了社会利益，该行为就属于侵权行为，应该承担相应的赔偿责任；如果该行为侵害的仅仅是私人利益，对社会利益不造成任何损害，该行为不属于侵权行为，无须承担任何责任；如何该行为不仅没有侵害社会利益，反而增进了社会利益，则该行为应该受到社会的奖励。

六、结论

衡量私人利益是合法还是非法，必须从社会需要的角度出发。从经济学上看，所谓利益实际上就是能够给其拥有者带来某种好处或者提供效用的经济财物。这些财物本身是能够脱离主体的客观存在，即使不考虑其拥有者，对它们的损害也可能给社会带来损失，因而这些损害行为应该受到追究。所以，作为某种利益的拥有者，其拥有的利益是否合法，不能以利益人获得利益的行为是否合法为判断标准，而应该以该利益是否为社会所需要、是否为社会所期待为标准。合法利益就是合乎社会需要的利益，而非法利益则是社会所不希望拥有的利益。

同样，衡量某种行为是否属于侵权行为，也要从社会利益是否受到损害出发来进行判定。如果该行为损害了社会利益，该行为就属于侵权行为，应该承担相应的赔偿责任；如果该行为侵害的仅仅是私人利益，对社会利益不造成任何损害，该行为不属于侵权行为，无须承担任何责任；如何该行为不仅没有侵害社会利益，反而增进了社会利益，则该行为应该受到社会的奖励。

将上述两个方面结合起来，可以对侵权行为给出更为简练的界定：损害合法利益（合乎社会需要的利益）即为侵权行为，损害非法利益（社会所不希望拥有的利益）无须承担责任。

参考文献

[1] 翁博，戴声长，赵巧玲. 行政拆迁中公民非法利益保护缺失问题研究[J]. 辽

宁行政学院学报，2011(12).
[2] 张明楷. 行为功利主义违法观[J]. 中国法学，2011(5).
[3] 斯蒂文·萨维尔. 事故法的经济学分析[M]. 翟继光译. 北京：北京大学出版社，2004.

海洋承包合同空白的补充原则

——以临高县对外经济发展公司与海南嘉奇实业有限公司案为例

摘　要：绝大多数合同本身都具有内在的不完全性，合同当事人不可能就所有的意外情形达成一致的合理的约定，因此需要相应的法律法规及法律处理原则作为合同空白的补充条款，当意外事件或者不可抗力给当事人带来损害时，明确合同当事人各方的权责关系。这些法律处理原则作为补充条款，应该能够给当事人以明确的预期，并促进各方当事人采取有效率的预防行为，从而提高社会交往的经济效率。从法经济学的效率观念出发，由合同当事人中较小成本避免损失者承担责任，能够鼓励有效率的风险规避行为，并增强法律的确定性，从而增进社会财富或者节省社会的法律成本，实现经济交往的秩序化和社会财富的最大化。

关键词：海洋承包、合同空白、法经济学、财富最大化

一、案情回顾[①]

1996年5月15日，临高县对外经济发展公司（简称外经公司）与海南嘉奇实业有限公司（简称嘉奇公司）签订"承包文潭虾场合同书"，约定嘉奇公司在承包期间必须维护好虾场的各种设施。当年8月份，因台风、暴雨袭击，虾场外围大坝（防潮堤）严重损毁。为修复被台风、暴雨损毁的防潮堤，外经公司和嘉奇公司于1997年4月16日达成"承包文潭虾场补充合同书"，约定由嘉奇公司筹措资金实施修复，费用16万元双方各分担50%。2000年10月14日，临高县发生特大洪灾，虾场防潮堤再次遭受严重毁坏。险情发生后，嘉奇公司没有及时将情况告知外经公司，也没有进行有效的修复，防止堤坝损毁进一步恶化。2001年2月19日，外经公司以嘉奇公司多年未年检已不具备法人资格，以及嘉奇公司不履行合同约定的确保虾场设施完整的义务，致使虾场设施严重毁坏为

① 本文所引述的案例来源于北大法意网案例资源库。

由请求判令解除承包合同。嘉奇公司则以大坝被冲毁是由洪水造成,双方均无过错,修复责任在双方为由,反诉请求判令外经公司履行修复大坝的义务并承担50%的修复费用。一审法院审理期间,嘉奇公司补办了工商年检,并由海南省工商局核发了新的营业执照。

初审法院认为:双方签订的承包合同及补充合同有效。虾场防潮堤坝严重损坏属实,但系特大洪水所致,属不可抗力,不能归责于任何一方。嘉奇公司虽未自觉办理年检,但根据规定嘉奇公司仍具有法人资格和经营资格,且该公司从未停止过虾场的养殖经营并按时交纳承包金。因此,外经公司解除合同的诉讼缺乏事实根据,应予驳回。嘉奇公司的反诉有事实根据应予支持。防潮堤坝因不可抗力而严重毁坏,虽不能归责于当事人,但修复责任在于双方当事人。因嘉奇公司没有及时将堤坝损毁情况告知外经公司,应承担相应的过错责任。据此判决:(1)驳回原告临高县对外经济发展公司的诉讼请求;(2)修复文潭虾场防潮堤坝资金由反诉人与被反诉人分担。

外经公司不服一审判决,向法院上诉称:虾场防潮堤坝的毁损是由于嘉奇公司经营期间未投入资金对大坝进行维护的结果。

上诉法院认为:虾场防潮堤坝毁损的原因及维修责任的认定是处理本案的关键。虽然双方签订的承包合同约定嘉奇公司在承包期间必须维护好虾场的各种设施,但就本合同而言,承包方对虾场的使用应为正常条件下的使用,因而该约定也应理解为在正常使用条件下的承包人对虾场设施承担的日常保养义务。双方当事人对于突发的、后果严重的自然灾害等原因造成虾场设施的毁损应如何划分维修责任,并没有作出约定。虾场防潮堤的毁损原因是由于特大洪灾所致,外经公司上诉主张堤坝毁损是嘉奇公司长期疏于维修而非洪水所致并无事实根据,本院不予认定。因此,对此次防潮堤的修复,依照公平原则,应由双方共同负责。关于修复费用的分担问题,一审法院在确认双方均有修复责任的基础上根据本案的实际情况作出的负担比例,是合理的,并未损害外经公司的利益。综上所述,外经公司的上诉理由不能成立,原判应予维持。

二、合同的不完全性:本案产生争议的关键

本案的纠纷经历了初审和上诉两个阶段,作为原告的外经公司其诉求最终也没能得到法院的支持。而本案的案情实际上十分清楚,即在特大洪灾发生后,双方对于防潮堤的维修职责和费用分摊产生分歧,最后无法达成一致,只好诉诸法院予以解决。因此,本案纠纷产生的直接原因是,合同双方当事人在合同签订之初未就特大洪灾的发生问题进行讨论和职责划分,从而导致洪灾后的矛盾纷争。

单纯从本案出发，上述争议的产生无疑与双方签订合同时考虑不周有关，假设合同签订时双方能够预见或者考虑到特大洪灾发生的可能性及其危害，可能就会在合同中约定各自的职能和义务，从而避免在洪灾发生后的纠纷。这样分析的确有一定道理，但只是看到了事物的表象。实际上，合同双方当事人在合同签订时即使预见到了洪灾的发生，也无法准确估计洪灾造成的损失；即使准确预期到洪灾的发生及其后果，也不可能预期到所有可能的意外事件及其后果。设想双方当事人在合同签订之时就能够把所有可能的情况预见到并作出双方认可的约定，从经济学的角度来分析，是完全不现实的。这里存在所谓的“信息成本”的约束，即在合同签订时，双方无法以合理的成本预见到未来所有可能影响合同执行的情况，因而也就无法就合同签订后的某些状况作出相应的权责划分，从而给未来合同纠纷留下了隐患。如果双方想要在事前就所有可能事项达成协议，签订合同的信息成本将高到双方无法达成协议的程度。但这是合同双方当事人都无法避免的，这就是经济学合约理论所提出的“不完全合约”理论，即除了一些简单的合同外，大部分合约都是不完全的，合同双方无法预见到合同签订后所有发生的事件及其后果，只能在合理的范围内达成协议。

因此，上述案件中双方没有就特大洪灾的发生进行事前协商，实际上是达成合约双方的理性选择。除了特大洪灾外，应该还有众多意外是双方事前无法进行协商的，如罢工、战争、海啸或者其他重大事件等。众多无法进行合理的事前协商的事件将对合同的有效执行构成障碍，因而给一方或者双方合同当事人带来损害。同时，上述问题不仅存在于本案所述承包合同中，更广泛存在于所有合同当中。

由于合同不完全性而产生的纠纷又如何予以解决呢？对于合同不完全性的研究，目前已经产生了很多相应的成果，如合同双方当事人采用长期合约以及自我履约合约以减少合同不完全性产生的危害[1]等。但是，即使是所谓的“长期合约”和“自我履约合约”，其本身也属合约的某种类型，仍然难以逃脱合约本质上所具有的“不完全性”，在某些特殊情形之下，也难以避免产生相应的纠纷。否则，“不完全性”就不会成为复杂合约的内在特征了。所以，因为合同双方当事人无法依靠事前的协商搞定所有的问题，在合约纠纷产生之后，法院的介入就成为某种必然。此时，法院的判决规则或者处理规则就成为合同双方当事人划分责权关系的重要依据和标准，纠纷处理的结果也将直接影响到合同双方当事人的切身利益，因而对这些法律处理规则的合理性进行深入的理论分析将是十分必要和重要的研究课题。

三、现有的法律处理原则

合同不完全性所造成的危害往往是以下两项原因:一是不可抗力造成的损害;二是无法归责于合同双方任何一方的意外事件。在这里,不可抗力和意外事件的区别:前者是在特定场合下,非人力所能抗拒或者避免的力量造成损害,包括自然力和非自然力的强制;后者发生损害结果则是由于行为人对当时情况下自己行为会造成损害结果没有预见,也不能预见。

我国的合同法对于不可抗力所造成的损害,强调了合同当事人的免责权利;而对于意外事件,一般采取严格责任,即意外事件不能当然地排除当事人的违约责任。如《合同法》第117条规定:“因不可抗力不能履行合同的,根据不可抗力的影响,部分或者全部免除责任,但法律另有规定的除外。当事人迟延履行后发生不可抗力的,不能免除责任。”而《合同法》第121条规定:“当事人一方因第三人的原因而违约的,应向对方承担违约责任。当事人一方和第三人之间的纠纷,依照法律规定或者按照约定解决。”对于意外事件与不可抗力免责方面的区别,法学界一般的解释是不可抗力是人力所不能抗拒的,也不是人力所能够有意制造的,因而作为免责理由是合理的;而意外事件虽然一般也不是当事人所能够有意避免的,但有可能在某些情形下,为合同当事人故意不履行合同创造理由,如人为制造意外事件的假象逃避责任,所以意外事件不能成为当然的免责理由。

比如,一位歌手在前往演唱现场的途中遭遇车祸而不能完成演唱任务,属于意外事故;如果途中突发地震造成道路中断,则属不可抗力。按照合同法的原则,前者不能免除该歌手的责任,需要承担一定的违约费;而后者则可以免除该歌手的违约责任,无须承担任何违约费用。具体到本案,法院认为虾场防潮堤坝严重损坏系特大洪水所致,属不可抗力,不能归责于任何一方,因而本着公平原则,由双方当事人共同负担维修费用。

应该说,从《合同法》第117条来看,本案的判决是合乎法律原则的,并没有不当之处。但本案判决中所谓的“本着公平原则”却存在明显的可探讨空间,即在此类案件中,如何确定公平的标准?难道双方当事人分摊损失就是公平的,而由其中一方当事人独自承担损失就是不合理的?而公平的分担比例又应该如何确定呢?假如本案中法院认为作为出租方的外经公司承担防潮堤的所有损失,因为防潮堤的损坏完全由于不可抗力造成,嘉奇公司实际上是没有任何过错和责任的。这样的判决并没有违背《合同法》的相关原则,也没有明显的违背公平原则,所谓“无过错,无责任”也是一种公平。因此,如果从《合同法》现有原则出发,以某种“公平”观念为指导,本案的判决可能存在多种合理结果,这些判决既不违背现有的法律原则，也不会违背所谓的“公平原则”，这就势必产生一案多判的不确定性，即法律不确定性，将给全社会的经济秩序和正常交易带来负面影响，也会增争讼的数量，从而造成社会法律成本的增加，浪费有限的社会资源。因此，必须从另外一个角度来审视和评价类似案件的法律处理规则，并对类似案件的法律处理给出有意义的指导原则，这就是法律经济学的视角。

四、法律经济学处理原则分析

法律经济学是从效率最大化或者财富最大化的角度来分析各类法律规则的，所谓“好的规则”，就是指能够促进社会财富增加，减少社会资源浪费的那些法律规则。因而，如果一项判决所依据的法律规则造成了社会成本的增加却没有带来相应社会财富的增长，在法律经济学看来，这项法律规则是需要进行调整和完善的。以此标准，本案所依据的《合同法》第 117 条和所谓的“公平原则”，增加了法律的不确定性，也增加了社会的法律成本，是需要进行深入分析并予以改进的。

以经济学的视角分析，意外事件或者不可抗力的客观效果没有本质差别，即它们的发生会带来预期收益的损失。也正是因为预期损失的存在，才引起合同各方当事人的争议和纠纷，并由此带来大量社会资源的浪费。因此，如果法律处理原则能够鼓励当事人以较小的成本避免较大的预期损失，则可以起到节省成本、增进财富的作用，这项法律原则可以认为是符合经济效率的，也是社会所欢迎的，更是法律机构所追求的。

依据上述思路，本文构建如下法律处理原则：

以 P 代表意外事件或者不可抗力发生的概率，以 L 代表意外事件给双方带来的损失，C_a 代表合同当事人 A 预防意外事件损失的成本，C_b 代表合同当事人 B 预防意外事件损失的成本：如果 $\min(C_a, C_b) \leqslant P \cdot L$，则由 C_a 或者 C_b 中成本较小一方当事人承担损失；如果 $\min(C_a, C_b) \geqslant P \cdot L$，即双方当事人都无法采用合理成本避免预期损失，则双方都可以免责，各自承担自身的损失。

上述法律处理规则与现有法律处理规则相比，存在两个方面的明显不同：一是对意外事件和不可抗力所造成的损失不做区分，即不可抗力也不能成为免责的理由；二是能够鼓励合同当事人采取有效率的事前风险规避行为，即合同当事人中预防成本较小者将会愿意在风险发作之前投入成本避免预期损失。这里的预防成本，可以分为两种类型：一是由第三方承保，通过购买某种类型的商业保险获得对意外损失的预期补偿；二是由合同当事人进行自我保险，即采取更为谨慎的行为避免意外事件的发生，或者采取多元化的业务方式避免预期损失[2]。

依据本文所构建的法律处理规则，不难获得有效率的结果：如果合同当事人能够在合同签订之初以合理的成本减少预期损失，其中成本较低者必愿意在合同签订之初就采取合理的预防措施；如果合同双方当事人无法以合理的成本避免预期损失，则双方不会在预防措施上进行任何不必要的投入；意外损失发生后，在双方预防成本可以确定的情形下，双方能够合理预见到法院的判决结果，因而也就没有必要起诉到法院，将大大降低争讼的发生并减少社会的法律成本。因此，按照这一法律处理原则，由合同当事人中较小成本避免损失者承担责任，能够鼓励有效率的风险规避行为。

同时，上述原则并不违背合同的自治原则，只是在双方没有约定而出现合同纠纷后的适用原则而已，是对合同约定缺失条款的一种补充。如果合同当事人在事前没有就合同意外损失的负担进行商讨，那么按照上述经济学原则，则由合同当事人中预防成本较小者承担责任。当然，双方也可以就意外损失免责条款进行协商，从而在意外损失发生后，按照当初合同约定办理。

按照本文所构建的法律处理原则，本文所述案件的判决可能是这样的：

第一，外经公司作为虾场和防潮堤的所有者，对防潮堤抗击洪灾的能力是(或者说应该是)最了解的，因而对于特大洪灾可能造成的危害应该能够做出相应的预判，而嘉奇公司作为租用方则可能缺乏足够的相关设施的信息，也无法对洪灾的预期损失做出合理的估计。

第二，外经公司既然能够对预期损失做出合理的预判，也意味着该公司可以在特大洪灾发生之前以相对较小的成本避免预期损失，如为防潮堤购买特大洪灾保险，或者每年为防潮堤安排专项维修基金等。

第三，作为预防成本较小的一方，外经公司并没有采取有效率的预防措施，应该承担因特大洪灾所造成的相应损失。

以上为依据本文所构造法律处理原则进行的判决，对外经公司造成了较大的损害，似乎有违所谓的“公平原则”，但在客观上可能促进外经公司采取有效率的预防措施，从而避免较大的损失，达到增进社会财富的目的。设想外经公司在合同签订时了解该项原则，那该公司将采取必要的预防措施，后来的洪灾损害纠纷将不会出现；或者外经公司洪灾发生后对该项法律处理规则有所了解，也不会将该项纠纷诉诸法院，就避免了法律纠纷所产生的其他法律成本，如诉讼成本、审判成本等。因此，这里所构建的法律处理原则是具备经济效率的，能够促进有效率的预防措施，或者节省社会的法律成本支出。

五、结论

本文对于海洋承包合同纠纷法律处理原则的分析表明，从法经济学的效率观念出发，能够增强法律的确定性，并鼓励各方当事人采取有效率的预防措施，从而增进社会财富或者节省社会的法律成本，实现经济交往的秩序化和实现社会财富的最大化。而现有的《合同法》相关法律处理原则，包括所谓的“公平原则”，对于合同当事人来说具有很大的不确定性，以至于增加了争讼的数量并造成社会资源的浪费。与现有的法律处理原则相比，本文所构建的法经济学处理原则具有明显的效率优势。

绝大多数合同本身都具有内在的不完全性，合同当事人不可能就所有的意外情形达成一致的合理的约定，因此需要相应的法律法规及法律处理原则作为合同空白的补充条款，当意外事件或者不可抗力给当事人带来损害时，明确合同各方当事人的权责关系。这些法律处理原则作为补充条款，应该能够给当事人以明确的预期，并促进各方当事人采取有效率的预防行为，从而提高社会交往的经济效率。

参考文献

[1] 奥利弗·哈特，等. 现代合约理论[M]. 易宪容，等译. 北京：中国社会科学出版社，2011：59-78.

[2] 林立. 波斯纳与法律经济分析[M]. 上海：上海三联书店，2005：272-274.

海域使用权时效占有获取规则的经济学分析

——以陵水县政府与陵港石化公司案为例

李　强　付相珍

摘　要：随着海洋利用程度的提高，海域使用权争议案件越来越多，其中涉及时效占有制度的案件给法律实践和法学理论留下了很多争论的空间。从经济学的视角看，时效占有制度的合理性在于促进资源的合理开发和利用，从而增进社会财富。因而在以经济增长为目标的背景下，确立时效占有制度具有重要意义。

关键词：海域使用权、时效占有、经济分析

一、案情回顾[①]

原告：陵港民政福利石化供应有限责任公司(简称石化公司)。

被告：陵水黎族自治县人民政府(简称政府)。

原告辩称：2004 年，石化公司得知，在 1992 年陵水县政府曾经颁发给新村港务公司《国有土地使用证》，该证件所登记的海域使用权与石化公司持有的海域使用权证登记的海域使用权有一部分重叠，于是向法院提起行政诉讼，请求撤销颁发给新村港务公司的《国有土地使用证》，并判政府将其填海所形成的陆地的使用权确认给石化公司使用。

被告辩称：1992 年 8 月 26 日，经过政府的批准，新村港务公司办理了《国有土地使用证》(其中有 19.9 亩的用地面积，11.1 亩的用海面积)，石化公司的 0.45亩海域与新村港务公司 11.1 亩海域使用同属一块海域。此前，石化公司自始至终都在隐瞒租用新村港务公司土地及海域来经营加油站的事实，并且通

---

① 本文所引述的案例来源于北大法意网案例资源库。

过政府的批准在 2004 年 4 月 5 日，取得了该海域的续期使用权证书，这很明显是采用欺骗手段获取海域使用权的行为，根据《我国海域使用管理法》的相关规定，注销石化公司《海域使用权证书》及其红线图，政府作出了注销陵港民政福利石化有限公司海域使用权的决定。

法院认为：政府后来颁发给石化公司的海域使用证中所确定的 300 平方米海域使用权与新村港务公司之前取得的土地证中的海域使用权部分重叠的事实被已经生效的行政判决所确认。陵水县政府决定注销石化公司的海域使用证是本着自我纠错的原则，这并没有什么不妥。但是政府没有确切的证据认定石化公司隐瞒租用新村港务公司的海域和采用欺骗隐瞒的手段取得海域使用证，依法应予以撤销，但考虑到政府先颁发给新村港务公司《国有土地使用证》，颁发给石化公司《海域使用权证书》在后，因此，该决定不适宜撤销，但应当确认其违法性。

一审法院判决：确认陵水县政府注销陵港福利石化有限公司海域使用权的行为违法，并应当采取相应的补救措施，以补救对于石化公司的损害。

陵水县政府不服，上诉。

二审法院判决：撤销一审判决，驳回石化公司的诉讼请求。

二、本案争议的核心问题

在本案中，原告以为已经取得了争议海域的使用权，并以此为基础，进行了大量投资和持续十年的经营，而后却发现该海域使用权与其他用海主体的在先使用权存在重叠和冲突，故将政府相关部门诉至法庭，要求确认其对争议海域的用海权利。

由此，本案争议的核心问题之一是：陵港民政福利石化供应有限责任公司是否能够获得该海域的使用权？

在本案中，早在 1992 年 8 月 26 日新村港务公司就获得了该海域的使用权，但是一直未能有效地对其加以利用，直到 1994 年 1 月 1 日，陵水县政府将 300 平方米的海域划给了陵港民政福利石化供应有限责任公司，这 300 平方米的海域使用权归石化公司，经批准，将部分海域填海造陆，建起了一座加油站和办公楼，对海上的船只供应柴油以及用于办公。却没想到，这 300 平方米的海域却和被批准的新村港务公司的海域相重叠。对于新村港务公司来说，这片海域一直没有被利用，处于闲置状态，但是经过石化公司十年的合理开发利用，此片海域被经营得有声有色。撇开我国现有法律的约束，如果从资源的有效利用出发，石化公司是不是更有资格取得该片海域的使用权？

本案在一审判决的时候，海南省中级人民法院裁定陵水县人民政府的行为违法,并应当对石化公司采取相应的补救措施。但是在二审判决中,海南省高级人民法院撤销了中级人民法院的判决,驳回了石化公司的诉讼请求。海南省高级人民法院的判决维护了新村港务公司的权利(鉴于我国还没有确立时效占有制度),不可避免地损害了石化公司的利益,对石化公司的生产经营造成了相当的影响,同时也会对其他法院关于此类案件的判决产生一定的影响。

在这里,法院的最终判决与现实经济发展的需要之间产生了明显的冲突:一方面,按照我国现有的法律规定,石化公司的确无法取得该片海域的使用权;另一方面,从社会经济发展的现实需要出发,石化公司应该获得该片海域的使用权。有冲突就需要有缓解冲突的办法,当即有法律制度与现实经济发展需要之间存在冲突时,一定要改变现有的法律制度,即通过调整现有的法律制度来适应现实经济发展的需要。显然,让石化公司合法获得该片海域的使用权必须在现有法律中引入新的产权确认规则——时效占有制度,从而使石化公司能够在该片海域持续投资和经营,提高该海域的利用效率,以促进社会财富的增长。

三、时效占有的含义及其经济学分析

(一)时效占有的含义

源于古罗马法的时效占有制度,与诉讼时效一起,共同构成了传统民法中历史悠久的时效制度。体例上,我国民法继承了大陆法系,但是在制度上却抛弃了时效占有。20 世纪 90 年代以来,我国确立了社会主义市场经济体制,多数民法学者对时效占有的态度由否定变为肯定。我国已颁布的《物权法》对时效占有并没有予以确切的规定,但是相信,随着时间的流逝,社会不断发展,时效占有的重要性会越来越明显,其立法的迫切性也会随之而来,时效占有会作为获得使用权的一种手段,进入我国的法律体系之中。

时效占有,是指无权利人以行使所有权或其他财产权的意思公然、和平地持续占有他人的财产,经过法律规定的期间,即依法取得该财产的所有权或其他财产权的法律制度。

(二)我国时效占有的现状

时效占有制度有很古老的法律渊源,西方法律发达的国家像德国、法国、美国等,都有明确的关于时效占有的对象、构成要件的规定,为本国解决有关时效占有的案件提供了明确的法律依据。我国古代也有具体的对于时效占有的规定,首次的"时效"规定,出现于清宣统三年(1911 年)编制的《大清民律草案》,其中包括取得实效(即时效占有)、消灭时效,但该民律草案在最后并没有付诸实施。

经过改革开放 30 多年的发展,我国的经济突飞猛进,对于法律的要求越来越高，经过这么多年的高速发展，已经具备时效占有制度确立的经济基础，但是我国在法律上一直没有明确的规定。关于时效占有制度的问题，学术界从20世纪80年代一直争论不休。虽然法律没有明确的规定，但不能以此为原因断定立法者会将其拒之门外，对于时效占有的规定，出现在2002年12月第九届全国人大第三十一次会议上曾经审议过的《中华人民共和国民法典(草案)》中，它将时效占有与诉讼时效一并规定于民法总则编第八章“时效”之中。

(三)时效占有的经济学分析

针对本案例我们可以作出如下的经济学分析：

假设，石化公司与新村港务公司所重叠的那片海域的固定价值和可利用价值分别是200元和100元，但是，经过石化公司的填海造陆和修建办公楼，用于给来往船只加油和办公，从而使这片海域的可利用价值增加了100元，同时，石化公司也可以获益100元，并且由于石化公司的经营管理，还与其他公司签订了合同，有了50元的可期待利益。也就是说，因为石化公司对这片海域的占有使用，现在，这片海域有了550元的价值产出，其中固有价值300元得到了充分的利用，海域增值100元，收益100元，可期待利益50元。相反的，由于新村港务公司的懈怠和消极的不作为，如果海域被它经营，那么海域的社会效益和经济价值都是一直处于原始状态的，不会有任何增加，还会由于海域沙化而贬值，所以，如果该海域在新村港务公司的闲置之下，海域的价值只可能是它本身的原有价值，即300元(或者更低)。

此时，石化公司与新村港务局产生海域使用权争议，法院的判决将会对双方的利益及社会财富产生重要的影响。我们可以合理假设新村港务公司并没有更好地利用资源的方式，而石化公司则愿意继续使用该片海域。如果按照现有的法律规范，海域使用权判归新村港务公司所有，那么，两者可以谈判协商一个合理的价格，由石化公司按原有用途继续使用。如果不考虑双方的谈判成本，在这判决结果下，双方的利益分配将发生一定的变化，但社会财富的生产与原来完全相同。如果双方未达成协议而付出一定的成本，这个成本将成为社会财富的净损失。如果按照时效占有制度判决石化公司拥有相应的海域使用权，则社会财富的生产以及双方的利益分配关系将保持不变，由于谈判而发生的交易成本也不会发生，社会财富净损失不会出现。

从上述分析可以很明显地看出，确立时效占有制度非常重要，合理的时效占有制度有利于社会财富的最大化。正如当代著名法学家波斯纳(Richard A Posner)提出：“如果市场交易成本过高而抑制交易，那么，权利应付与那些对权利净值评价最高并且最珍视它们的人。”

四、时效占有的经济意义

在当今社会，时效占有制度的重要性不可忽视，此制度不仅关系到个人利益还关系到整个社会的利益，恰当的解决此问题有益于整个社会的发展和进步。

(一)降低证明成本

时效占有制度的设立，可以有效避免双方当事人因时间的流逝所发生的举证与法院查证的困难，有利于纠纷的解决。即取得时效具有免除举证责任、降低诉讼成本的作用。时效占有制度的确立，能够给实际使用人一种激励，使得使用人的投入资金有了明确的法律的保护，而不受权利人任何争议，从而不需要付出任何额外的成本。

(二)保障资源的合理有效利用

现代社会资源越来越紧缺，时效本身能够体现出“法律保护勤勉者，不保护懒惰者”的原则。时效占有制度的确立，一方面，能给予真正权利人一种警示，使其关注自己的财产使用状况，避免因时间的流逝而导致权利的丧失，从而可以提醒权利人充分使用自己的财产，使财产免受闲置的危险，达到促进资源利用率的目的。另一方面，在权利人不行使权利的状况下，使用人可以合法的获得使用权，而不受权利人的限制和干扰，避免权利人长期睡眠于权利之上，从而达到利用物所能提供的最高价值的状态，从而合理有效利用资源。

(三)维护社会和个人的利益

时效占有制度的一个传统价值在于“促使原权利人善尽积极利用其财产之社会责任，并尊重长期占有之既成秩序，以增进公共利益，并使所有权之状态得以从速确定”。时效占有维护了使用人的权利，使其权利得到保护，从而保障了其正常的生产生活和经营，进而使其投资不受争议，有利于保障个人的利益不受损害。扩展到社会角度，时效占有制度所确立的使用人合法使用权利人的财产，这积极增加了社会资源的利用，从而使社会资源的价值得到体现，有效增加了社会的总收益，相比于闲置资源，大大增加了社会收益。

五、结论

针对本案例，时效占有制度是否确立直接关系到双方当事人的利害，海南省高级人民法院的判决无疑不符合经济学的利益最大化。很显然，海南省高级人民法院站在现有法律的基础上对本案进行了判决，忽视了石化公司使用该片海域所带来的对于自身的和社会的经济收益，并且石化公司的行为合理的使用了海洋资源，使其免受闲置，对于资源匮乏的当代社会，积极利用资源不失为一种很好手段，不仅增加了资源所带来的收益，并且避免了资源闲置不用的贬值。

法律制度是由社会的经济条件决定的，又随着经济条件的发展而变化，尤其是改革开放以来，越来越多的出现在社会上的关于占有使用的纠纷，决定了时效占有制度确立的必要性和重要性。使用人占有并长期使用权利人的财产，在此基础上形成了一定的民事关系，如果允许权利人在许多年后仍然可以主张权利，不仅会对这种已经形成的民事关系造成破坏，而且会影响经济秩序与法律秩序，破坏个人和社会正常生产经营活动的进行，造成相当大的经济的损失。

在本案中，新村港务公司是该片海域的权利所有人，石化公司在不知情的状态下，占有使用该片海域 10 年多，并且在该片海域进行生产经营，合法地从事经济活动，与往来船只或其他公司进行民事活动，海南省高级人民法院的判决是将该海域"还给"了新村港务公司，没有顾及（或很少顾及）石化公司所从事的经济活动，打乱了石化公司正常的生产经营，影响了石化公司与其他公司（与石化公司有业务往来的公司）的交易，使其的投入成本和经济利益受到损害，扰乱了一定范围内的经济秩序，给许多公司带来了不便或是或多或少的影响。结合以上的经济学分析，海南省高级人民法院的判决是不符合增进社会财富的社会目标。

海南省高级人民法院对于本案的判决会影响其他人民法院对于这类案件的判决。随着我国经济的不断发展，在海洋中进行经济活动的情况越来越多，不可避免地涉及海洋的使用权问题，也就是说，涉及时效占有制度的案件会越来越多，海南省高级人民法院的判决肯定会影响到其他法院对于这类案件的判断裁决，若是其他法院都按照海南省高级人民法院的判决来评判案件，会使得更多的企业生产经营活动受到影响，损失的经济利益也会随之增多。所以，在以后的判决中，可以把经济因素作为判决的衡量条件，从而可以更好地作出有利于个体和社会经济发展的判决，就不至于使企业和社会蒙受损失。

对于本案的经济学分析，可以拓展到另一些领域，基于此经济学分析，时效占有制度是有必要确立的，其所带来的经济收益是很可观的，希望在以后我国的立法中，能够尽快确立此项制度。

参考文献

[1] 方晓宇. 英美法上逆占有制度与大陆法上时效制度之比较[J]. 法制与社会,2010(10).

[2] 朱一飞. 对建立取得时效制度的法律经济学分析[J]. 广西政法管理干部学院学报,2005(1).

[3] 钟淑健，孙超. 法经济学视域中取得时效的价值分析[J]. 山东社会科学，2010(10).
[4] 罗伯特·D. 考特，托马斯·S. 尤伦. 法和经济学[M]. 上海：上海财经大学出版社，2002.

农田侵害归责原则及赔偿额计算的经济分析

李　强　龙万丽

摘　要:在我国,由于农业生产的特殊性,农田污染损害赔偿宜采取严格责任规则,损害赔偿额的计算应该包括直接损失、间接损失、生态补偿和惩罚性赔偿。只有这样,才能有效促使工业企业减少对农业的污染损害,从而增加农民维权的激励,有效促进农业生产。

关键词:农田侵害、归责原则、严格责任、生态补偿、惩罚性赔偿

引　言

现实生活中,对生存资源的竞争不仅存在于个人与个人之间,也会存在于个人与企业、政府之间,这种竞争经常会导致他人直接的财产损害及间接利益的丧失。这就涉及损害赔偿的责任认定和损害赔偿数额的计算问题,受害人一般依据侵权责任法或者相关民法原则获得相应法律救济。而关于责任认定的规则和赔偿额的计算方法,从经济学上来分析,往往会发现其背后所蕴含的效率原则,即只有责任认定合理与损害赔偿计算科学,才能使受害人获得合理的补偿,使加害人得到应有的处罚,从而激励加害人和受害人都能够采取有效的策略,从而提高经济效率,增进社会财富。

污染问题,通常情况下是经济不合理发展的产物,也是常见的侵权案件类型之一。本文以敦寨镇水泥厂废弃物使周围农民的农作物遭受侵害的赔偿案件为例,对归责原则的确定、损害范围的认定以及损害赔偿计算的参考因素进行探讨,并揭示其背后的经济学逻辑。本文所探讨的相关原则可以在同类案件中采用,也可以在更广泛的侵权案件中借鉴。

案例简述

加害人:敦寨镇水泥厂。

受害人:情荡村和敦寨村部分农民和住户。

自从水泥厂建厂以来，因水泥厂污水与废气无序排放，导致情荡村和敦寨村53户农民约60亩农田里的作物常年无收，最终放弃了耕种。导致每年大约36000千克稻谷和9600千克油菜子的损失，每年带来的直接经济损失约为人民币106800元。农户几经向水泥厂理论并向当地政府反映情况，但是由于种种原因未果。同时，当地村委会邀请了相关人员对农田土质进行了检测化验，发现土壤中含有大量的水泥厂污染物。农民只好联名向当地法院求助，请求赔偿。2006年秋季，水泥厂附近的中学里发现了罕见的大群体皮肤病感染，多数学生的颈部和腹部都有不同程度的溃烂现象，此事引起了锦屏县教育局和防疫站人员的重视，经检测，该皮肤病的病因是由于水泥厂排放废气中硫化物严重超标，这一事件推动赔偿纠纷达到了高潮。2010年春，随着敦寨镇开发区工业园的建立，水泥厂搬进工业园区，远离了居民区。

在本案例中依次需要解决的事项有：第一，归责原则的选取；第二，损害的分析认定及确定损害范围；第三，在计算损害赔偿时需要基于生态问题加入生态补偿并进行成本效益分析计算；第四，生态补偿的责任归属。

一、无过错归责原则及其构成要件

（一）归责原则及其经济学逻辑

一般来说，无过错责任原则（也称严格责任原则）和过错责任归责原则是损害赔偿的两个主要归责原则。简单来说，前者不是以当事人的主观过错为依据，依照法律规定构成侵权行为的必备要件的归责原则；也就是说，不论当事人在主观上有没有过错都必须履行民事责任。而后者是指，当且仅当行为人在基于故意或过失，且造成了损害，侵害了他人的权利和利益，行为人才承担损害赔偿责任。而具体选择何种归则原则，主要考虑该损害结果的成因。如果损害结果是单方行为造成的，一般采用无过错责任规则；如果损害结果是双方行为共同造成的，则一般采用过错责任规则。从经济学视角分析，归责原则的选取要看该原则是否能够激发行为主体采取有效率的预防措施，使得社会成本最小化。显然，如果损害结果是单方造成的，由加害人承担损害赔偿责任可以促使加害人采取合理的预防措施，并可以降低相应的法律成本；如果损害结果由双方共同造成，则过错责任能够激励各方采取合理的预防措施，从而使社会成本最小化。

在上述两种归责原则中，若是损害结果一样，加害人所承担的赔偿责任存在明显的差别：在无过错原则下，需要承担全部损害责任；而在过错责任下，可能因无过错而使加害人不必承担损害赔偿责任。具体到农作物的污染损害赔偿，实际上涉及工业发展和农业发展的关系问题，按照无过错责任归责，将有利于农业的发展而不利于工业的发展;采取过错责任归责,则可能有利于工业发展而不利于农业发展。

因此,农作物损害赔偿的归责原则的选取,可导致各国工业、农业发展水平的不同。比如,美国采取无过错责任规则,因而美国农业发达;而欧美采取过错责任规则,因而欧美农业相对落后。

(二)我国农作物损害赔偿适用无过错归责原则的必要性

从我国的相关立法来看,涉及农作物的产品的法律主要有《食品安全法》、《侵权责任法》等,但这些法律对于农作物侵权损害归责原则的规定并不是十分明确。因而,这里需要确定的一个关键问题就是我国应采用何种归责原则。

首先,农业是一个具有公共属性的行业部门,农业的发展水平直接影响到社会公共利益,直接影响一个国家人民的温饱水平及生存。更何况是在我国这样的以农业为基础支撑而发展第二、三产业的农业大国,更需要有相当严格与精确的法律来规定农产品损害的归责原则,以促进农业的发展。

其次,我国农业生产自身存在诸多弱点,如生产组织化程度低、农业生产技术水平低、农业生产自然条件恶劣等,因此,我国农业承受风险的能力是相当低的。如果由农业生产者来承担由自己主观过错之外的原因造成的损害赔偿,那么只会降低农业生产者的积极性,影响我国农业的长远发展,最终给我国经济发展带来十分严重的困扰。

第三,经过改革开放30年,我国工业已经获得了飞速的发展,工业化任务基本完成,工业增长方式将更注重方式和效率,因而,需要工业承担更多的社会责任。

综合以上几点,涉及农作物损害赔偿问题,选择无过错责任原则是十分必要的。因此在本案例中,即使作为加害人的水泥厂排放污染物已经符合国家的现有标准,作为受害人的农业生产者不用自行承担水稻、油菜遭受侵害的责任,而是由加害方水泥厂来承担此次农产品损害的赔偿责任。

(三)无过错责任原则下损害赔偿的客观要件

在无过错责任原则下,损害赔偿的认定相对于过错责任原则就要简单很多,只需要确认其构成要件,即损害事实、因果关系即可。赔偿责任构成的客观要件如下。

1.存在农田污染的事实。行为人履行损害赔付责任的前提是存在其造成的损害事实,在侵权法上,无损害则无赔偿。不存在损害则表明行为人的某种行为并未对他人的合法权益造成侵害。水稻等作物遭受损害是由于污染物作用于环境这个媒介而传染的,水泥厂将其废弃物直接排放到农田与大气中,进而污染到农作物和人类的健康。

此案例中的损害还具有持续性与积累性。造成农作物颗粒无收以至农民放弃耕种不是一次性污染的结果，而是由于长年累月废弃物持续排放的积累。废弃物持续不断的排放，当量变达到一定的积累就会引起质变。与此同时，损害的持续性还在于损害并没有因为损害行为的停止而停止，也就是说，农田的污染不会因为水泥厂停止排污就可以耕种，而是需要花费时间和金钱来补救。

2.水泥厂的污染行为与农田污染的事实存在因果关系。因果关系同样是侵权责任成立的必备条件。农田污染侵害的事实是由于水泥厂的不合理排污造成的，也就是说，水泥厂的损害行为与农作物颗粒无收的损害事实存在因果关系。在此，也可以运用推定原则进一步认定，首先，水泥厂向农田排放了废弃物；其次，水泥厂20多年来一直排放废弃物，其污染力度足以破坏了农田的生态以及自净的能力；再次，在被污染的土壤与水质的检测中明显发现了水泥厂的污染物；最后，该污染物足以致作物和人类健康损害与当前的科学依据并不矛盾。对因果关系的认证，就可以准确地确定责任范围，也就是责任范围因果关系。侵权损害发生后，必须先证明这种损害是因谁的行为所造成的，以此来确定损害赔付的对象；然后是责任范围因果关系的确定，从而确定责任人赔付额的多少。

主观上，行为人的侵权行为是否具有过错，在无过错责任原则下已经不重要了。一般来说，在侵权法上，过错就是行为人没有尽自己应该尽的和有能力尽的义务，所造成的法律不能容忍的行为的意志状态；它本质上是一种心理状态，由于行为人对其行为以及其行为造成的后果所持的心理不同，决定了其过错的程度，过错是一种对行为人的行为方式的否定性评价，是对案件事实作出的价值判断。如果水泥厂本可以通过建立合理的排污系统来持续健康的生产，但由于自身短浅的目光，没有给当地农民与住户尽到应尽的责任，更没有注意到子孙后代生存的环境，任其废弃物排放，那么水泥厂主观过错明显，必须承担相应责任。但即使水泥厂在污染治理上采取了相应措施，甚至其排放符合相关国家标准，也必须承担因此而造成的农作物损失，区别无过错责任原则与过错原则就在于此。

二、损害范围的认定

（一）关于我国侵权损害赔偿范围的法规

在我国法律中，对于侵权损害赔偿范围方面的规定十分简陋，大多是关于造成人身伤害而须赔付的医疗、工伤补助、生活保障等费用的规定，而对此之外的规定不是十分明确。对损害赔偿仅规定赔偿损失，不能很好地划定侵权损害赔偿的范围。有幸的是，除了上述规定之外，依据最高人民法院对于司法事项的合理解释，可以把我国侵权损害赔偿的范围概括为四种：(1)有形财产损害；(2)侵害人格权时的非财产损害；(3)具有人格象征意义的特定物品的非财产侵害；(4)除了第一受害人外，在可请求赔偿的主体方面，遭受严重损害的与第一受害人具有近亲关系的监护人以及因此在精神上受伤害的亲属等。这一解释丰富和发展了侵权损害赔偿的范围，对于解决当前我国侵权损害赔偿范围确定的难题提供了一定的参考。

(二)侵权损害范围的确定

损害范围的大小不仅直接关系到当事人双方的利益分配，还关系到社会财富在不同群体间分配的价值意义。因而损害赔偿相关法律的制定，尤其是损害范围的合理确定十分关键。

在本文所述的案例中，农田作物因加害人水泥厂的不合理排污而受损，使得受害人的有形财产水稻、油菜等农作物在水泥厂自开工以来几乎颗粒无收，直接给受害人当地农民造成严重的财产损失；与此同时，水泥厂废气污染还造成当地空气质量的下降，给人民的健康造成了一定的威胁，侵害了当地人民享受清洁空气的权利，由此带来的间接损害造成的损失是难以直接确定的。在财产权侵害的情况中，对财产损害的赔偿应该包括直接财产损失和间接利益损失。由于农民在放弃被污染的土地之后，为了满足生存的需要，还开发了一些荒地，付出了一定的代价。在确定损害赔偿范围时，不仅要考虑直接的损害赔偿金，还应该考虑用于恢复原状所付出的费用，已采取的或者即将采取的合理措施的费用，除此之外，用于开发替代原有利益来减少损害产生的合理费用也需考虑在内。因此，其损害范围具有一定的复杂性和不特定性。

三、损害赔偿原则

(一)赔偿原则的选定及运用

在我国的相关法律中规定，个人、企业由于其侵权行为，对政府等非营利机构和企业等营利机构的财产，以及公民人身、个人财产，造成损害的须承担民事责任。根据我国民事法律的相关内容，可以把侵权损害赔偿原则归结为以下四大类。

1. 全部损害赔偿原则。在全部赔偿原则中，侵权行为人须承担直接财产损失和间接利益损失，即侵权行为带来的全部损失，对受害人承担起赔偿责任。采用全部赔偿原则时，受赔付对象不局限于公民个人，同时还适用于政府、企业等。

全部赔偿原则即是以受害人的全部损害为标准，任何高于或低于全部损害的赔偿都是不可行的。如果赔偿额大于全部损害，这对于侵害人来说是十分不公平的，对于受害人来说也是属于不正当收入，同时也有悖于法律正义的灵魂；若是赔偿额小于全部损害，受害人的权利就没有得到很好的保护。在实际情况中，在计算损害赔偿时，需要考虑的因素众多，不仅仅考虑受害人的实际具体损害，还要考虑侵害人的经济状况、履行能力以及社会承受力等。

2.限定赔偿原则。限定赔偿，顾名思义就是指有限制性的赔偿。不同于全部赔偿原则，限定赔偿通常是有其上限的，即偿付人只需赔付限制内的损失，对于限制外的损失不予赔付。偿付人的赔付责任大小就以事先限定内容为依据。在我国，交通事故损害赔偿和国家损害赔偿都选用限定赔偿。

3.惩罚性赔偿原则。从经济学视角看，理解惩罚性赔偿具有一定合理性。在侵权行为人发生侵权行为时，侵权行为人有作为与不作为的选择。这个问题的关键在于成本—收益分析。如果实施侵权行为，行为人可能获得某种实际的利益，可能是获得财产或某种心理上的满足，这是收益；侵权成本则可能表现为实现这一行为所付出的代价以及不利后果。因此，从立法者角度来考虑，提高行为人的行为成本，使行为的成本大于行为的收益，使行为人自动放弃行为，从而实现侵权行为法的预防功能，具有重大意义。惩罚性赔偿主要适用于知识产权和产品责任的侵害。

4.衡平原则。赔偿原则的制定，需要本着法律正义、公正的灵魂来执行。不仅需要考虑受害人的损失程度，同时还需要考虑加害人经济情况，这就是衡平原则的目的所在。若赔偿范围远远超出了责任人的支付能力，则这样的赔付显然失去了惩恶扬善的意义。

(二)污染侵害中的生态补偿原则

一般而言，污染本身也是对公众环境产权的侵害。环境产权是指公众拥有一种环境资源的使用权和收益权。

界定环境产权，实际上是对公众所拥有的生态资源及其使用程度的划分。如何改善脆弱的生态环境，保护地球生态的正常运行已成为我们当前的重要责任。有损害必有赔偿，生态破坏也不例外，这样才能使生态系统得以正常、持久的运行。生态系统和人类社会关系相仿，有一方受损必有另一方来赔偿，人类对资源的不合理使用和过度开发带来的问题，需要通过增加人类活动成本来减少或抑制，维持生态平衡。在此，活动成本增加的部分就是为了弥补经济活动带来的问题，即生态补偿。

生态补偿是为了解决环境资源开发的效率和公平问题。水泥厂的废弃物污染对于周边环境造成的负面影响，需要征收一定的生态补偿费用才能予以消除。

四、损害赔偿额计算的经济分析

计算赔偿额时所要考虑的因素是十分多样的。在此，按照无过错归责的原则和损害范围，结合全部赔偿的原则和惩罚性赔偿的原则，并根据环境产权下的补偿机制来选择适当的计算方法。

在本案中，假设每年的谷物产量不变，每年对于农民直接的经济损失为 D_1，每年可供出售的谷物固定为 Q，由于每年的谷物价格 X 不一，间接的可获利益为函数 $D_2=F(Q,X)$，在不考虑环境产权的生态补偿时，可以得出总的损害赔偿为

$$D=D_1+D_2$$

在计算损害赔偿时，把生态补偿 D3 作为水泥厂赔付的内容，是十分合理的。因此最后赔偿的总金额为

$$D=D_1+D_2+D_3$$

以上关于水泥厂赔偿金额的计算，仅仅考虑到农民的损失和生态损害，并没有考虑农民现实维权所付出的责任追究成本，可能无法真正抑制水泥厂的污染行为。

假设农民花费的诉讼成本为 C_1，人力资本为 C_2，诉讼时间段中放弃其他利益的机会成本 C_3，因此，其追究责任的总成本为

$$C=C_1+C_2+C_3$$

如果农民通过维权行为，所获赔偿 D 大于或至少等于付出的成本 C，即 $D\geqslant C$，这样的赔偿追究才具有现实意义；若是所获赔偿 D 小于追究成本 C，即 $D<C$，则得不偿失。不仅受害人的利益再度受损，还浪费了司法资源。在后一种情形下，农民将缺乏维权的动力。

要真正有效抑制水泥厂的排污行为，必须有效降低农民的维权成本 C。当 $D<C$ 时，应该考虑对水泥厂增加惩罚性赔偿额 D_4，并使得 $D_4\geqslant C-D$，才能有足够的激励促使农民采取合理的维权行为。则水泥厂总的额赔偿额将会是 $D_1+D_2+D_3+D_4$，即包括直接损失、间接损失、生态补偿和惩罚性赔偿。

上述关于水泥厂赔偿金额的计算，可以有效抑制水泥厂的污染行为，但从社会整体福利状况的变化来看，只是社会财富在加害人与受害人之间的转移，社会整体福利的增加或减少并不能得到直观的体现。从短期利益而言，水泥厂对农田的污染侵害损失可能小于其带来的利益，即社会财富的增加大于农民短期的损失，水泥厂停止污染造成社会福利水平的下降；但从长期利益来看，水泥厂停止污染行为，减少了对生态系统的破坏，保护了农业生产，增加了农民的劳动积极性，从而更有益于社会财富的增值，最终增加社会整体福利水平。

五、结论

在我国，由于农业生产的特殊性，农田污染损害赔偿宜采取严格责任规则，损害赔偿额的计算应该包括直接损失、间接损失、生态补偿和惩罚性赔偿。只有这样，才能有效促使工业企业减少对农业的污染损害，从而增加农民维权的激励，有效促进农业生产。相关的类似案件的处理也可以参照本文的原则进行。

参考文献

[1] 姜战军. 损害赔偿范围确定中的法律政策[J]. 法学研究，2009(06).
[2] 毛显强，钟瑜，张胜. 生态补偿的理论探讨[J]. 中国人口·资源与环境，2002(04).
[3] 于江华，杨成. 论我国农产品损害赔偿责任的归责原则[J]. 经济与管理研究，2010(07).
[4] 贾军，张璐宁. 环境污染侵权责任的认定及损害赔偿[J]. 生态环境，2010(05).
[5] 唐克勇. 环境产权视角下的生态补偿机制研究[J]. 环境污染与防治，2011(12).

威慑规则与预防规则

——法律经济学视角下的矿难治理问题

内容摘要：矿难频发是我国目前亟待解决的一个重大问题。本文从法律经济学的视角出发，以汉德公式作为基本的分析工具，以企业安全投入不足为矿难原因分析的逻辑起点，在对矿山企业经营者的行为诱因进行分析的基础上，提出在不大幅度改变产权关系的情况下，可以通过实施相关法律对矿山企业权利、义务的相对价格进行调整，将威慑规则与预防规则相结合，为企业提高安全提供足够的激励，从而减少矿难的发生。

关键词：矿难、法律经济学、威慑规则、预防规则

一、引言：矿难频发触目惊心

中国是一个产煤大国，同时也是矿难大国。中国煤炭产量占世界35%，但中国的矿难死亡人数却占世界的80%，平均每年超过5000人。中国煤矿百万吨死亡率是美国的100倍、南非的30倍。尤其是近几年来，死亡百人以上的特大矿难时有发生。为了减少矿难，打击矿难背后的权钱交易，中央要求，国家机关工作人员和国有企业负责人投资入股煤矿的必须按照时间要求撤出股份；并要求煤矿领导必须与矿工一同下井。就是在上述背景之下，矿难仍然不断，这说明目前针对频发矿难所采取的各种措施有些药不对症，还没有真正触及问题的根本。

针对矿难问题，学者们也提出了一些对策。北京大学教授杨凤春指出，矿难的频繁发生在某种程度上是由于政府对矿难处理介入不当造成的[1]。当前在矿难处理过程中，由于政府不能够有效地行使的直接管辖权，企业主能够实现与职工一对一的、地位不对等的、极其强势的矿难"善后"处理模式；由于无法形成对那些不承担基本公共安全义务、且实际上造成巨大社会灾难的企业的毁灭性惩罚，从而形成"矿难怪圈"。因此，政府必须有创新性的通盘考虑，理顺政府与矿难处理之关系。这一观点强调政府对企业管制的强化以及矿难发生后对相关责任者处罚的加重，但忽略了政府过多介入企业可能造成的效率上的损

失。而《财经》杂志 2004 年 12 月刊编者的文章认为，矿难频发折射出国有矿山企业改革的滞后，只有启动以产权改革为标志的全行业改革，才能真正治本求变。这一观点也是目前学术界比较有代表性的观点。如彭兴庭(2004)认为，一方面，政府以“治理”的名义参与产权安排，导致无效的产权安排；另一方面，市场经济的内在冲动又要求高效率和低成本。这种复杂的矛盾使得寻租的空间不断扩大，“经济人的自利行为”使得管理越来越混乱，频发矿难也就在情理之中了[2]。谭满益、唐小我(2005)指出，我国矿业开采企业是所有权与经营权相分离的企业，由于拥有控制权的矿井经营者在企业销售收入中占有的比例大于他们在企业成本中应承担的份额，或者说，企业经营者的权利与责任不对称，采矿企业经营者就可能破坏性开采，增加矿难发生的几率。矿难频发的根本原因在于企业的产权扭曲[3]。

无疑，矿山企业产权关系问题已经触及关键，但是寄希望通过产权关系的深层次改革来解决矿难问题，不免有些过于简单化。产权改革绝不是万灵丹，国有企业改革已经给出了深刻的教训。本文不否认产权改革的必要性，但仅仅是产权改革显然无法达成我们的目标，尤其是在宪法明确规定矿山所有权属于国家的情况下，产权改革面临极大的障碍。加强对矿山企业的监管，加大对违规企业的处罚，无疑可以使这些企业对安全更为重视，但是，也不能不考虑其对经济效率可能造成的影响以及处罚在实施过程中的可行性，尤其是在政府官员存在腐败的情况之下。本文则从法律经济学的视角出发，以汉德公式作为基本的分析工具，以企业安全投入不足为矿难原因分析的逻辑起点，在对矿山企业经营者的行为诱因进行分析的基础上，提出在不改变产权关系的情况下，可以通过实施相关法律对矿山企业权利、义务的相对价格进行调整，将威慑规则与预防规则相结合，为企业提高安全提供足够的激励，从而减少矿难的发生。

二、法律经济学的基本工具：汉德公式

法律经济学是微观经济理论在法律领域的应用，因此，微观经济学的基本原理也正是法律经济学的基本原理。微观经济学假定，人是自利的理性最大化者，这意味着在任何条件下，个人的行动都是为满足自己的最大利益。当条件或环境发生变化时，个人将调整自己的行为以最大化自己的利益。很多看似非理性的行为，实际上都是当事人在当时条件下的最优选择。因此，一个自然的推论是，矿难频发也同样是企业实际经营者在当前环境下的一种理性选择的后果。责备企业经营者的残酷是没有太多意义的，我们需要做的是改变他们的行为。加里·贝克尔认为，经济分析是一种统一的方法，适用于解释全部人类行为[4]。受此启发，波斯纳在法律的经济分析中，从理性自利最大化者这个概念

出发，概括了经济学的三项基本原理：一是需求规律，即所支付的价格与所需求的数量成反比；二是消费者总是争取最大满足，生产者总是追求最大利润；三是如果允许自愿交易，资源总是流向价值最大化的用途，从而达到最高效率。

在法律经济学中，一个主要的部分是对侵权法的经济学分析。由于矿难问题可以看作是企业对职工的侵权问题，所以关于这一问题的分析完全可以应用于矿难问题之中。其分析的基本模型如下图所示。

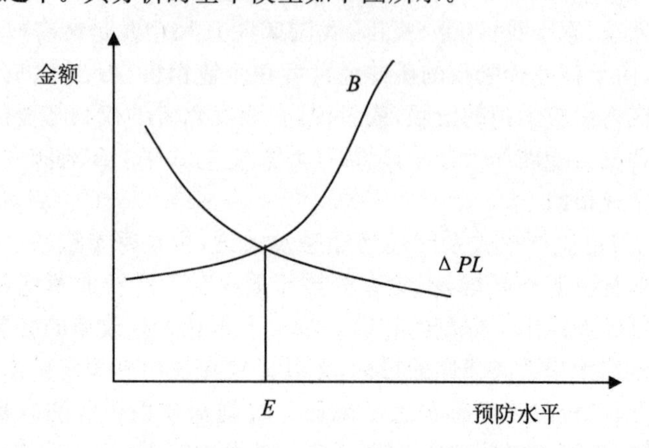

横轴代表为防止事故发生的预防水平，预防水平越高，事故发生的概率越小，纵轴代表金额，曲线 B 代表提高预防水平的边际成本，ΔPL 代表提高预防水平的边际收益，即事故的预期成本的下降额，其中 P 代表事故发生的概率，L 代表事故发生后产生的损失。从图中我们看到，随着预防水平的提高，每提高一个单位的预防水平，其所能够获得的收益逐步下降，而为此付出的成本则不断增加。其中 E 点代表最佳预防水平，在 E 点的左侧，每提高一单位的预防水平收益超过成本，应该提高预防水平，E 点的右侧则相反。如果 E 点既是企业的最佳预防水平，又是社会的最优预防水平，则不需要政府对企业的经营进行额外的干预，只需要维持当前的状态即可。如果 E 点位于社会最优预防水平的左侧，或者说低于社会期望的最优预防水平，则可以通过政策或法律手段改变两条曲线的位置，使企业的最优预防水平与社会期望的相一致。比如，可以通过 ΔPL 曲线或者 B 曲线的向右移动，使得 E 点发生变化。如提高对企业的处罚力度，就可以使得 ΔPL 曲线右移，给予企业一定比例的预防补贴，可以使得 B 曲线向右移动，结果都可以达到社会满意的预防水平。这一简单的经济学工具可以给我们治理矿难提供极富启示的思路，我们在后边的分析中将主要使用这一分析工具。美国法官汉德在实际审判中就如何认定过失责任时，将这一思想概括为如下公式[5]：边际汉德法则 $B<\Delta PL$⇨施害人具有疏忽责任。

三、矿山企业经营者的行为诱因分析

矿难的发生是多种因素作用的综合结果。但是无论怎样，矿难发生的直接技术原因是企业安全投入的不足，这也是本文分析矿难原因的逻辑起点。调查显示，“九五”期间，国有重点煤矿仅在“一通三防”(通风、防治瓦斯、防治煤尘、防火)等方面投入应达到42亿元，每年投入8.4亿元，但实际投入只有4亿元。而全国煤矿安全欠账应在500亿元以上。目前，中国矿井的安全设施严重老化，不少设备超期服役。因此，矿难频发是必然的结果。那么，这里的一个问题是，企业经营者为什么对企业安全投入缺乏动力？可能的原因有两个：

一是增加的安全投入必然增加企业生产的成本，从而导致企业利润减少，竞争力下降。换言之，企业增加安全投入的成本大于企业预期应该承担的事故成本，因此，少增加安全投入对企业来说是有经济效率的。假如一套自动瓦斯监测设备的采购价格为200万元(需要每年更换)，安装后能够避免矿难发生。在没有检测设备时，每年矿难发生的概率为0.1，矿难发生时平均死亡人数为5人，人均赔偿为40万元，因发生矿难给责任人带来的损失为200万元。则期望的矿难成本为0.1×(5×40＋200)＝40万元，远远小于设备的购置价格，因此对于企业来说，理性的选择是不增加安全设备的投入。可能会有人提出不同观点，即对于承包了的矿山来说，经营者是以利润最大化为导向的，理性的结果可能是放弃安全设备，但对于国有大矿来说，经营者并非企业利润最大化者，而追求的是个人利益最大化，那么因减少投入所节省的资金，并非被经营者所有，以上的分析就不再适用了。对此，我们可以从另一个角度来解释，即市场竞争对国有大矿产生的约束力量。应该说，这样的竞争约束目前已经是一个不容置疑的事实，我国矿山企业中，除了少部分大型企业外，绝大多数小型企业均已实行承包制，私人资本占据重要地位。由于安全设备的投入是没有效率的，投入安全设备的企业必然在成本上处于劣势，在竞争中必然落败，企业出现亏损，而经营者便难以继续留在原来岗位上。这一结果比矿难更具有确定性，因此，经营者为延长自己的任期，合理选择同样是减少安全投入。

二是矿难造成的损失不是由经营者全部承担，而是大部分外在化了。对于国有大矿来说，经营者不会承担完全责任，这是不言自明的，因为经营者不是所有人，与职工相比不过是更高级的打工者。而对于承包者来说，似乎应该没有可能外在化这些损失。其实不然，对于这些承包者来说，正是因为现行的一些法律、法规存在严重的缺陷，使他们普遍存在外在化的预期，所以才敢于拿工人的生命冒风险。一个很明显的外在化途径是，对死亡工人生命价值的低估。虽然生命的价值难以直接用金钱来衡量，但二十几万元的赔偿金显然并不合理。

生命价值如同其他资源价值一样，包含直接价值、间接价值、存在价值、选择价值等多种价值成分[6]。也许一个普通工人一生收入的现值不会超过30万元，但并不意味着他的生命价值就可以低于30万元。一个工人可以冒生命危险从事一项工作，其背后可能有着多种多样的原因，如孩子的未来、父母的幸福、妻子的健康等等。对矿工生命价值的严重低估，实际上就是对经营者应负责任的减免，经营者由此外化了大部分责任。

事故成本外在化的另一个途径是通过破产来逃避责任。由于承包者一般为个人，矿山并不归其所有，因此投入承包的自有资产与其经营风险往往是不对称的，在事故发生后，其资产净值会大大低于对遇难矿工的赔偿额，这样实际上就将大部分事故成本外在化，这些经营者自然就没有动力来进行安全设备的投入了。由于矿山企业一般不存在商誉资产以及专用的人力资本等，破产并不会引起太大的损失，通过破产来避免责任会成为经营者的理性选择。况且，很多企业在事故发生后，甚至连破产也不需要，就可以以极低的代价完成善后事宜，企业则继续经营。

有学者认为，煤炭行业的暴利是诱发矿难的直接原因之一，这一观点显然是站不住脚的。煤炭行业的暴利主要源于市场的高额需求以及对煤炭资源的低成本占有制度，如同矿难本身一样是当下环境的产物。当然，隐藏在暴利背后的因素可能同样在矿难背后起作用。

现在，我们可以进一步探讨已有措施的实际效果了。目前所采取的主要措施中包括下面三项：(1)加大对事故企业的处罚力度，即增加罚款金额。(2)要求领导干部从矿山企业中撤资。(3)要求矿山企业的领导干部与矿工一起下井作业。就第一项措施来说，可以增大事故企业应承担的预期事故成本，如果预期事故成本超过安全设施投入成本，则经营者的行为将发生改变，安全设施的投入成为有效率的选择。但是，不能对此寄予过高的期望，这一结果会因为那些资本不足企业的存在而大打折扣。对于承包经营的矿山企业来说，由于承包期一般较短，承包合同也由于多种原因具有不稳定性，因此，承包者增加资本投入只能给自身带来经营风险，这相当于增加了对未来的抵押，而未来对经营者来说却是不可预知的。反之，尽量减少投入，如果可能，随时将赢利或资产转移出去，使企业的净资产保持在事故成本之下，则可以极大减少预期损失。如果矿难的发生概率为0.01，一个拥有1亿元净资产的企业破产的预期损失则只有100万元。所以，如果不能让承包者为企业投入足够多的抵押资产，或者有效地限制承包者转移资产，加大处罚力度及赔偿额度的威慑作用是有限的。而资本不足企业的存在，对那些资本相对充足的国有大矿的经营又构成较强的竞争约束，使这些企业无法承担相对较高的预防成本。

而第二项措施，则与改变企业经营者的行为激励缺乏直接的联系，无法为企业增加安全投入提供诱因。也许从打击权钱交易的角度来看，这样的做法可以抑制矿难发生后某些领导干部对于企业经营者的偏袒，但是，这一想法很难实现。投资入股不过是权钱交易的一种形式而已，还有很多方式可以进行同样的交易。如果不是撤资，而是公开这些企业的股东，可能更有利于矿难的防治。

至于第三项措施，更是将矿难问题看得过于简单。且不论这项措施能否得以贯彻到底，即使得到不折不扣的执行，普通级别矿企领导的生命价值又能够比一般矿工高出多少呢？能够每天下井的必然是普通矿企领导，而主要矿企领导是不可能每天与工人一起下井的。一个0.01的矿难概率，再乘以1%的下井率，又如何让企业的经营者改变自己的行为呢？让工人的生命和矿官的生命绑在一起，迫使企业增加安全投入，从而减少矿难发生，其愿望是好的，但如此简单化的治理思路，是很难起到实际效果的。

四、对策：威慑与预防相结合的综合治理

改变诱因才能改变行为。这种改变必须是实质性的而不是名义上的，否则，必然难以发挥作用，正如我们已经看到的，被频发的矿难所证明的那样。因此，好的治理措施必须能够改变经营者的行为诱因，在这里，就是要能够使得企业安全设施的投入成本低于因事故发生而承担的预期成本，从而使提高安全设施水平成为经营者有效率的选择。实际上，提高事故的预期成本，就是加大经营者的侵害责任，表现为相关治理措施威慑力的增加。由前面我们分析的结论，这种威慑力是有条件的，即必须以企业有能力承担责任为前提，在企业缺乏充足资本的情况下，威慑力就崩溃了。所以，这一措施绝不是单纯增加事故预期成本那么简单，必须与保证企业资本充足的措施相配合。

为了提高事故的预期成本，必须改变目前矿工生命价值严重低估的状况。生命的估价，虽不能与生命尊严相提并论，但离其不远也。仅仅依收入来估价一个人的生命价值，将在人与人之间产生极大的差别，是对生命尊严的粗暴践踏。在这里，我们没有必要对这一容易引起争论的问题做更深的讨论。但是我们知道，通过提高遇难矿工的赔偿标准，能够增加企业预期事故成本，从而引起企业经营者对于矿工生命的重视。

另一个提高事故预期成本的方法是，对于重大责任事故，要在追究企业赔偿责任的同时，追究相关责任人的刑事责任。单纯的经济赔偿，对于具有利润最大化导向的经营者来说，也许已经可以提供充足的动机，来提高企业的安全投入。但是，对于那些不是以企业而是以个人利益最大化为导向的经营者和管理人员来说，由于他们并非事故成本的实际承担者，其相应的激励显然可能低

于最优水平。在企业已经正常承担经济赔偿责任的情况下，让他们继续承担更多的赔偿可能会造成对受害者的过度补偿，并且他们也可能没有能力进行赔偿。因此，追究相关责任人的刑事责任将对他们，尤其是对国有企业的负责人产生极大的威慑作用。

威慑作用的发挥需要以充足的资本为前提，否则，企业将通过破产来逃避责任。为此，对于每一家矿山企业，都要依据相应规模设定最低资本金。对于企业净资产低于最低资本金的，停止经营，在指定时间内补足后才能重新运营。同时，严格限制企业利润分配，保证企业的资本充足，资产净值达到最低要求。

对于承包经营的企业，实行公开招投标制度，签订长期承包合同，一次性将矿山出租 30 年～50 年。延长承包期限后，承包者将对承包期内的收入进行综合规划，目标是整个承包期内的收入最大化，正如微观经济学中消费者谋求一生效用最大化一样。这样，将鼓励承包者进行长期技术改进，也有利于矿山资源的合理开采，而不是那种耗尽式的短期开采行为。

上述提高事故预期成本的措施，可以称为威慑规则，即依赖于事后的惩罚规则而改变企业经营者的选择。如果每一家企业都是资本充足的，在事故发生后也无法以其他任何方法逃避责任，那么，这样的责任规则就已经够了，足以防止矿难的发生。但是，现实往往是复杂的，不同的经营者对待风险的态度会有所不同(前面讨论中一直假定经营者是风险中性的)，很多企业在事故发生后也经常通过转移财产或其他方式逃避责任。所以，如果仅仅依靠事后的责任规则，依靠责任规则的威慑作用，可能就不够了。与其他事故相比，矿难的特殊在于，一旦发生将造成极大的损失和影响。因此，为了有效制止矿难的发生，事前的预防还是要继续坚持，安全标准要得到严格的执行。在此，我们将事前的预防措施称为预防规则，即通过事前的检查，迫使企业遵守安全标准，防止事故的发生。这一规则是通过对违反安全标准的企业课以罚款来实现的。

对比上述两项规则，即威慑规则和预防规则，其效率是存在较大差别的。在威慑规则中，企业的自主经营能够得到保证，企业安全设施的投入由企业自主决定。应该说，企业经营者将会根据环境的变化，调整企业的安全投入策略，从而保持在最优的投入水平上。而预防规则中，政府管理部门要针对不同企业制定相应的安全标准，并监督企业实施这一标准。很明显，在这里政府直接干预了企业的运营。如果安全标准与企业的最优标准相一致，自然不会有效率方面的损失；如果低于最优标准，资本充足的企业将会遵守最优标准，而其他企业则遵守低于最优标准的安全标准；如果高于最优标准，则两类企业都会遵守高于最优标准的安全标准，将导致效率的损失。因而，预防规则有可能导致效率的损失。同时，预防规则也可能为管理者提供一些受贿的机会，特别是安全标准比较严格，高于最优标准的情况下，两者之间的差额就是受贿的空间，由此安全标准也往往倾向于高于最优标准。在威慑规则与预防规则之间，如果以效率为标准，应该以威慑规则为主，以预防规则为辅，预防规则在实施过程中，更应该将重点放在对中小企业的监管上。

五、结语

本文认为，矿难发生的直接原因是企业安全投入的不足，而企业安全投入不足却是当前环境下企业经营者的理性选择。要减少矿难的发生，必须改变企业经营者的行为诱因，通过相关法律和政策改变企业权利、义务的相对价格，使经营者有足够的动力增加企业的安全投入。本文提出的对策是将威慑规则与预防规则相结合，以威慑规则为主，以预防规则为辅。前者能够提高企业预期承担的事故成本，后者可以防止资本不足的企业在事后逃避责任。在不对产权关系进行剧烈变革的情况下，矿难问题也是可能得到解决的。

本文认为需要进一步提及的是，在以往对矿难的治理过程中，一个重要的力量一直被忽视，那就是工会的作用。当然，目前工会的作用微乎其微是其被忽略的主要原因。在与矿山企业的讨价还价的过程中，单个工人只是企业出价的接受者，根本无法维护自身的权益，因而企业的工资水平往往无法反映企业的预防水平，预防水平高的企业与预防水平低的企业所支付的工资水平是一样的，预防水平高的企业不能因此降低工资成本，因此降低了安全投入的积极性。如果工会能够在其中发挥作用，就可以对预防水平不同的企业提出不同的工资标准，预防水平高的企业将因此会节约工资成本，而预防水平低的企业将因此增加工资成本。由此，可以使企业的经营受到来自于劳动市场的约束，使工资成本在一定程度上反映出企业的预防水平。这一问题的详细探讨留待以后进行。

参考文献

[1] 杨凤春. 政府应对矿难承担什么样的责任[J]. 决策，2004(12)：28-29.
[2] 彭兴庭. 产权视野下的"矿难频发"[J]. 上海国资，2004(6)：28.
[3] 谭满益，唐小我. 产权扭曲：矿难的深层次思考[J]. 煤炭学报，2004(12)：

756-759.
[4] 加里·贝克尔. 人类行为的经济分析[M]. 上海:上海人民出版社,2004:11.
[5] 理查德·A. 波斯纳. 法律的经济分析[M]. 蒋兆康译. 北京:中国大百科全书出版社,2003:211-215.
[6] 潘家华. 持续发展途径的经济学分析[M]. 北京:中国人民大学出版社,1997:78-79.

否证虚拟财产权利的经济学理由

摘　要:财产权实际上是社会关系本身的一种反映,任何物品凭借其本身的物理特征都无法获得财产地位。从经济学的角度分析,作为虚拟物品的游戏设备获得法律上财产地位的理由并不充足。虚拟物品的保护和交易完全可以由市场自发提供,政府和法律没有必要介入。

关键词:虚拟物品、虚拟财产、经济学、网络游戏

引言

虚拟物品是网络兴起后出现的新型物品,在较为狭隘的定义中,特指网络游戏中"玩家"所获得的各种游戏装备。这类新式物品的财产权利目前还没有得到法律的确认,虽然对其事实上的占有已经形成。由此也就产生了事实占有与法律占有之间的冲突,已经出现的几起案例可以作为佐证①。

已有文献中关于虚拟物品财产权利的探讨,主要是将虚拟物品与已有的法律意义上的财产进行对比,认为虚拟物品具备财产的必要特征,应该确认其法律上的权利。如陈良、刘满达(2005)认为,虚拟物品具有财产的特征,一是排他性的支配权,二是可交易性。虚拟物品与法律意义上的财产除了物质形态上的差异,不存在足以把虚拟财产排除在财产范畴之外的本质的区别[1]。刘德良(2004)认为,判断网络游戏中的虚拟物品是否属于法律上的财产,应该看这些虚拟物品是否具备稀缺性、有用性、可控制性的特点,如果具备,就应该属于财产,否则,就不是财产[2]。孙国瑞、曾波(2004)认为,虚拟物品不仅具有经济价值,既能满足人们经济上的需要,而且能够用金钱计算其价格,具有了商品的特

---

① 2003年2月,玩家李宏晨发现自己的所有虚拟装备不翼而飞。李宏晨认为,北极冰公司对游戏未尽到安全防护职责,因此应对玩家的虚拟装备被盗承担责任。2003年12月18日,朝阳区人民法院作出一审判决,认定被告北极冰科技发展有限公司在网络游戏安全方面存在欠缺,判令其恢复原告李宏晨的虚拟武器装备。此为国内首例虚拟财产案件。

2004年10月,玩家邱诚伟持刀刺死网友朱某,原因是朱某将邱诚伟在游戏中获得的"屠龙刀"擅自卖给他人,并将收入据为己有。2005年6月上海市第二中级法院判决:邱诚伟犯故意杀人罪,判处死刑,缓期二年执行,剥夺政治权利终身。

征,因此应该受到法律的确认和保护[3]。

上述文献对虚拟物品特征的分析无疑是比较客观准确的,但仅仅是与现有的法律意义上的财产具有类似的特征,并不能赋予虚拟物品以法律上的财产地位。也就是说,上述文献中的对比分析,只能作为虚拟物品获得法定权利的必要条件而不是充分条件。而虚拟物品是否具有足够的理由成为财产,是所有其他讨论的前提。从财产发展的历史来看,不存在天然的财产和财产权利,各种物品获得财产地位,在法律上得到确认和保护,均是依据国家和社会的需要而决定的。附着于财产客体之上的财产权实际上社会关系本身的一种反映,财产权的具体内容并非一成不变,而是随着社会的发展而变化的,任何物品凭借其本身的物理特征都无法获得财产地位。因此,虚拟物品能否获得法定的财产权利,也要依据国家和社会的需要。

本文从经济学的视角出发,认为虚拟物品的财产权利应否得到法律上的确认和保护,取决于这种法定权利的后果以及国家是否鼓励虚拟财产的市场交易。很明显,财产权利的界定,客观上会有利于虚拟财产的交易,如果这种交易是国家所鼓励所支持的,那么虚拟财产就获得了理由;如果这种交易是社会大多数人所反对的,则虚拟财产的法律确认还为时尚早。本文认为社会成本与社会收益的比较是确认财产权利的基础,只有确认财产权利的社会收益大于社会成本时,虚拟物品的财产权利才应该得到确认,否则就没有必要进行法律的确认和保护。本文分析了虚拟财产对玩家和游戏提供商(以下简称商家)可能产生的影响,表明,目前从法律上确认虚拟物品的财产权利,还得不到经济学上的支持。

一、作为规范的社会关系的财产

什么是财产?“财产指的是所有者所拥有的、为公共权力所正式承认的,既可以排他地利用资产又可以通过出售或者其他方式来处置资产的权利。”[4]该定义是一个比较完整的关于财产权利的定义,强调了财产必须为公共权力所正式承认的特征。这里的公共权力,在现代社会显然是指法律。按此定义,现代社会,财产之存在必以法律的确认为前提。边沁对此有过详细论述:“我们手中拥有一个东西,对其保存、制作、出售,将其做成别的东西,使用它——没有任何一种物理情形,或者它们的集合,可以表达财产的概念。”因此,财产权利的取得显然不取决于物品的物理特征;“财产这个概念存在于一种确定的期望中;存在于根据事物本质可以从所占有的物中取得这样一种好处的信念。这种期望,这种信念,只能是法律的产物。”“财产与法律体是同生死、共存亡的。在法律被制定之前,财产是不存在的;离开法律,财产也就不存在了。[5]”任何一件物品,包括土地，所以能够取得财产地位，完全取决于法律的承认，是法律所规定的人与人之间的权利义务关系把单纯的物品变成了财产。因此，物品本身并不是财产，是某种为法律所承认、保护的社会关系使其成为财产。

在社会发展过程中，由于社会关系的不断演变，财产的种类及财产权利的具体构成也是不断变化的。那么，何种物品可以取得财产地位？这种财产应获得什么样的具体权利？法律的界定只是物品取得财产地位的形式条件，这里需要讨论的是法律为什么赋予这种物品而不是那种物品以财产权利，为什么是这一时刻赋予而不是另外的时刻。我们需要了解法律赋予物品以财产权利的理由。

由于财产权利需要保护，而保护需要成本，因此，从经济学的视角来分析，当赋予某种物品以财产权利产生的社会收益高于权利保护的社会成本时，法律就应该给予这种物品以财产地位。而社会收益与社会成本的计算依赖于人与人之间的社会关系，因此在不同的社会背景之下，我们也会看到，财产的种类与财产权利的具体内容会有很大的区别。比如土地，在封建时代的欧洲，具有非常复杂的财产权利结构，王权对土地具有最终所有权，封臣则以缴税和服兵役为条件而实际占有土地，土地作为财产体现了封建时代的特殊的社会关系。而在资本主义时代，同样的土地则取得了更加完整的、不受政府干预的财产权利，体现出资本主义时代特有的社会关系。成本和收益的计算显然离不开具体的社会关系，比如，在奴隶制国家，奴隶的收益可能会被计算为社会成本而不是社会收益，在独裁者统治的国家，人民的自由也不能作为社会收益。

虚拟物品能否获得法律的界定与保护，同样取决于社会收益与社会成本之比较。由于虚拟物品的具体形态千差万别，不同的物品可能对社会产生的实际作用差别较大，因此不能一概而论。在这里，虚拟物品特指网络游戏中玩家所获得的各种游戏装备，其作用主要是增加玩家游戏的乐趣。玩家在游戏过程中可以通过投入时间来获得游戏装备，也可以直接以现实的货币购买这些装备，这些装备因此成为商家吸引玩家和获得收入的手段。游戏装备的供给完全由商家控制，生产的边际成本很小。玩家之间也可以相互交换和买卖游戏装备，不少职业玩家可以通过高超的游戏技巧比其他人更多地获取游戏装备，从而依靠出售游戏装备而获取收入。因此，在游戏装备交易上存在两个市场，其一为初级市场，玩家通过投入游戏时间或者货币从商家处获得游戏装备，其二为次级市场，玩家之间在次级市场进行游戏装备的交易。由于商家生产游戏装备的边际成本很低，基本不需要额外的资源投入，游戏装备价格的变化不会对商家的资源配置产生影响，但可能影响其供应行为；玩家在游戏装备市场上投入的主要资源是时间，游戏装备价格的变化可能会对玩家的时间投入产生影响。游戏装备市场作为虚拟物品交易市场，存在于同一游戏的玩家与商家之间，与真实世界之间的唯一联系是玩家投入的货币与时间，如果忽略货币因素，那么时间就是需要分析的最主要的因素，更具体地讲，玩家把时间分配于虚拟世界与真实世界的比例，在虚拟物品取得财产地位之前与之后可能会发生变化，从而对资源配置产生影响。

二、虚拟财产的确认对玩家和商家的影响分析

游戏中的玩家，依照参与游戏的目的，可以分为两个大类：一类为职业玩家，这类玩家以参与游戏为主要职业，目的是获取收入。这一目标决定了他们必然将获取游戏设备作为谋生的一种手段，在游戏装备的次级市场上，他们以供应者的角色出现。另一类为普通玩家，这类玩家参与游戏的目的是获得游戏的乐趣，在游戏装备交易中主要以买家的角色出现。现在的任务是，比较一下虚拟物品获得财产权的法律确认前后两类玩家行为的可能变化。假定虚拟财产权利得到法律确认前，虚拟物品的价格为 P_1，得到确认之后价格为 P_2，一般来说，得到法律保护的物品与得不到保护的物品相比，更值得拥有，因此，这里不妨假定 $P_1<P_2$。如果 $P_1<P_2$，对于职业玩家来说，相当于单位时间的工资率上升，除非玩家已经获得足够高的收入，一般来说会投入更多的时间用于博取游戏装备；而对于普通玩家来说，游戏的目标是获得游戏过程的乐趣，在游戏装备价格上升后，可能会有部分玩家转向职业玩家，从而用于游戏的时间投入增加，其他玩家也可能会受到虚拟物品价格上涨的影响，提高自身对这些物品的价值估计，从而投入更多的时间。因此，无论是职业玩家还是普通玩家，在虚拟物品价格上涨后，都可能将更多的时间投入游戏之中。还有更多的人，可能会受到虚拟物品财产权利获得法律确认的鼓舞，受到虚拟物品价格上升的激励，转而加入到玩家的行列。尤其需要考虑的是，在游戏的玩家之中，青少年学生和缺乏自制力的成年人是主要的群体，这些玩家由于年龄和理性的限制，很容易沉溺于游戏之中难以自拔，虚拟物品财产权利的法律确认无疑对他们是一种鼓励。

网络游戏作为一个新兴的产业在我国发展迅速，网络游戏用户数量目前已经超过 1500 万，中国也将成为世界最大游戏消费国。这样的一种发展状况已经引发了无数的社会问题，如有 5%的高校学生因沉溺游戏而荒废学业，这种代价与这个产业所创造的十几亿元的产值相比，是否过于巨大？有人将网络游戏比作毒品，并非完全没有道理。网络游戏所创造的产值，主要来自财富的重新分配，即财富从普通玩家向商家和职业玩家的转移，普通玩家所投入的大量时间资源，都是不结果实的劳动。从这个角度来看，网络游戏即使不作为国家限

制发展的产业，也不应该列为鼓励发展的产业。虚拟物品财产权利的确认，所能够产生的社会收益将是很小的，而引起的各类玩家的时间投入可能是巨大的，这些时间的机会成本当然也同样巨大。同时，虚拟财产保护的法律成本也是不容忽视的。一旦虚拟财产的法律权利得到确认，就必须投入相应的保护成本。

再来看虚拟财产权利确认对商家的影响。商家是典型的利润最大化者，其行为的目标就是获取更多的利润。因此，游戏越精彩，越能够让玩家不忍释手，吸引的玩家越多，商家就可能越成功。由于商家生产游戏装备的边际成本极低，生产多少完全取决于其利润的需要。数量不能太少，也不能太多，而是刚好满足玩家的游戏心理，这样才能最多地吸引玩家。虚拟物品财产权利的确认不能影响提供商的生产成本，但可能提高玩家对游戏装备的需求水平，从而吸引更多的人参与游戏，因此，对商家来说，有利而无害。

在虚拟财产权利得到法律确认之前，商家为了吸引玩家，保护玩家游戏过程中所获取的装备当然是不得不做的一件工作。如果不对玩家的游戏装备给以保护，玩家对游戏装备的占有和使用显然是不稳定的，游戏装备的吸引力必然下降，玩家的游戏热情会随之降低，这对任何一个商家来说都是致命的。同时，商家的保护成本也是非常之低的，需要的不过是技术上的一点改变，或者即使出现被盗、被毁的情况，商家也可以随时帮助玩家恢复原状。这不会让商家有任何损失。而在虚拟财产权利得到法律确认之后，虚拟财产保护的职责将从商家转移至法律部门，商家保护玩家游戏装备的积极性下降，只要不是商家的过错行为，玩家发生游戏设备被盗、被毁等事件后，只能先报案，待抓捕案犯后才能得到补偿。这样的结果不仅法律保护成本大幅度增加，玩家也无法得到及时的补偿，商家倒是逃避了保护玩家的责任。

综合上述分析，对比社会成本与社会收益，前者远远高于后者，确认虚拟物品的财产权利缺乏足够的经济理由。

三、用法律来保护虚拟财产的成本低吗?

一件物品，其占有、使用和交易，可以由法律来保护，也可以由占有者自身或其他私人组织来保护。两者的区别在于，法律的保护以国家强制力的存在为前提，而其他保护方式主要是增加其他潜在侵害者的侵害成本，不能对侵害者进行强制性的惩罚。由于法律对财产权利的保护具有规模经济的优势，并以强制力作为后盾，因此一般来说比其他私人或私人组织的保护成本更低，更为有力。法律对财产权利保护的规则主要包括财产规则与责任规则，其中财产规则是指不经过财产所有者的同意，任何其他人不得侵占该财产。该规则对于财产的保护是一种事前的威慑，任何人违反财产规则，所面临的将是超过财产本身价值的经济处罚、甚至刑事处罚。而责任规则是指其他人可以在不经过财产所有者同意的情况下，使用、占有该财产，但事后必须按照法院的估价给予财产所有者以合理的补偿。Calabresi 和 Melamed(1972)认为，在交易成本较低的情况下，财产保护适用财产规则，这样有助于激励人们通过自愿谈判来进行财产交易，从而实现效率最优的资源配置；而当交易成本较高时，适用责任规则，法院可以通过客观的估价帮助实现财产的合理配置[6]。

无论财产保护适用哪一条规则，其中都预设了财产必须由法律来保护的前提。本文认为，即使玩家获取的游戏装备获得了法律上的认可，具有了财产的地位，其保护也并不一定非由政府机构来行使。从经济效率的角度来看，财产的保护应该由保护成本最低的主体来行使。具体到虚拟财产上，很明显游戏提供商是这些游戏装备的最低成本保护者，商家能够也应该对这些虚拟财产提供更合理的保护。比如，玩家 A 的 1 号游戏装备被盗，在政府机构实施财产保护时，A 首先向公安机关报案，公安机关立案后需要确认 A 是否是该装备的目前拥有者，确认后才能追查盗窃嫌疑人，待确认盗窃嫌疑人后，向法院提起民事或刑事诉讼。这一过程的成本可能远远超过被盗游戏装备的价值，并且在匿名的虚拟世界中，查清偷盗者的现实身份可能非常困难，这种情况下，玩家的利益也不能得到良好的保护。而保护由商家自身提供时，需要的成本则微不足道。A 在游戏装备被盗后，首先向商家报告，商家通过以往的存储记录，容易查明 A 是否是该游戏装备当前的拥有者，确认 A 是拥有者后，只需要提供给玩家新的、同样功能的游戏装备并将被盗的 1 号设备注销即可，根本不需要追查偷盗者。可能会有人担心商家自己提供保护，玩家的利益会受到商家的损害。这样的担心是没有必要的，在市场竞争激烈的境况下，任何一个玩家对商家来说都是重要的资源，损害了玩家的利益就是损害自身的利益，而商家是不会损害自己利益的。商家有能力而且有动力保护玩家的利益，同时并不需要什么额外的资源投入。虚拟财产的交易也应该通过商家的介入来完成，玩家之间达成游戏设备的交易后，必须在商家进行备案登记，交易才算是最终完成。这就如同现实世界中汽车交易、房屋交易需要政府主管机关备案登记一样，是对交易双方的承认和保护。

以上分析表明，某些虚拟财产的保护不一定非要由政府来进行，市场可以完成同样的任务，而且所需成本更低，保护得更好。这也从另一个角度说明，某些虚拟物品的财产权利根本没有必要进行法律的确认与保护。

四、结语

虚拟世界在人们的生活中逐渐成为不可或缺的组成部分，人们在虚拟世界所拥有的各种物品也需要良好的保护。但是，法律并不是这种保护的唯一形式，甚至也不是必要的形式。虚拟物品能否获得法律上的界定和保护，从而获得法律上的财产地位，取决于财产权利界定、保护的成本和收益，只有满足成本—收益的经济学分析，虚拟物品才能够获得财产地位。本文的分析表明，作为虚拟物品的游戏装备，难以满足成本—收益的经济学分析，获得法律上财产地位的理由并不充分。

网络游戏为众多玩家带来了快乐，也使不少青少年和缺乏自制力的成年人沉溺网络游戏而不能自拔，这是分析虚拟物品财产权利问题时不能忽略的社会因素。很多西方国家为了防止青少年沉溺网络游戏和受到游戏中不良信息的影响，都制定了相关的管理规定，如游戏分级制度等。素来信奉“业精于勤而荒于嬉”的中国人，对网络游戏所带来的社会问题决不能听之任之。

参考文献

[1] 陈良，刘满达. 虚拟财产的财产属性界定[J]. 宁波大学学报(人文科学版)，2005(5).
[2] 刘德良. 论虚拟物品财产权[J]. 内蒙古社会科学(汉文版)，2004 (11).
[3] 孙国瑞，曾波. 论虚拟财产[J]. 科技法制，2004(4).
[4] 理查德·派普斯. 财产论[M]. 蒋琳琦译. 北京：经济科学出版社，2003.
[5] 约翰·E. 克里贝特，等. 财产法：案例与教程[M]. 齐东祥，陈刚译. 北京：中国政法大学出版社，2003.
[6] Guido Calabresi and A. Douglas Melamed. Property Rules, Liability Rules, and Inalienability: One View of the Cathedral[J]. Harvard Law Review, 1972, 85.

海洋产权交易中心的经济意义和建设构想

摘 要:海洋产权交易中心的建设是我国蓝色经济区发展规划列明的重要举措,是海洋经济发展的重要制度支撑和制度创新。作为创新型的海洋产权专业交易平台,交易中心有助于推进海洋产权的界定和明晰、降低海洋产权交易成本以及适应海洋产权交易的特殊性。交易中心的建设必须立足于经济发展的现实需要,从实践性和可操作性出发,采取先易后难、循序渐进的方式逐步展开。一方面要注重满足各类经济主体既有的海洋产权交易需求,另一方面要不断探索新型海洋产权交易模式。

关键词:海洋产权交易中心、海洋经济、海洋资源

一、引言

2010年12月16日,国家发展改革委向国务院报送了《山东半岛蓝色经济区发展规划》和《山东半岛蓝色经济区改革发展试点工作方案》。2011年1月4日,国务院以国函〔2011〕1号文件批复《山东半岛蓝色经济区发展规划》,这是"十二五"开局之年第一个获批的国家发展战略,也是我国第一个以海洋经济为主题的区域发展战略。按照国家战略要求,山东半岛蓝色经济区将全面提升我国海洋经济发展水平,积累海洋开发经验,发挥引领示范作用。

从制度经济学的视角来看,这样一个关于海洋经济发展的重要规划能否顺利展开,一方面取决于中央和各级政府对规划内容的落实和支持力度,另一方面取决于其他市场经济主体对海洋产业的投资和参与热情,而两者的契合点则在于涉海资产产权的界定、保护及交易制度。良好的产权界定、保护和交易制度,是一个地区、一个产业以至于一个国家经济发展的前提条件[1]。由于涉海资产广泛存在的权利冲突现象,使得一大部分海洋产权实际上处于模糊或不确定状态,难以起到产权制度应有的激励和约束作用,这也是我国海洋经济一直处于相对落后状态的原因之一[2]。因而对于海洋经济的发展来说,产权的界定、保护和交易制度尤为重要,完善相关制度是落实发展规划的前提和保障。

而建设海洋产权交易中心，将在一定程度上起到制度支撑和制度推进的作用。以海洋产权交易中心作为海洋产权交易平台，有助于推进海洋产权的界定和明晰、降低海洋产权交易成本以及适应海洋产权交易的特殊性，从而满足蓝色经济发展战略对于提高海洋产权交易和配置效率的要求。在现代市场经济条件下，资源配置效率的高低取决于产权能否进行高效的交易。只有通过产权的交易和流转，才能使得各类经济资源不断配置于其最佳用途之上，才能使得各类企业掌握在其最佳经营者和所有者手中，从而实现资源的最优利用和企业价值的最大化，满足资源配置的静态效率和动态效率。可以说，产权交易顺利与否，是直接关系到国家和地区经济发展的关键问题。

二、对海洋产权进行操作性界定

到目前为止，海洋产权尚无理论上的明确定义，因而以海洋产权作为交易对象存在明显的理论障碍。但是，如果从海洋经济发展的现实需要出发，从实践角度、操作层面思考，可以将海洋产权界定为各类涉海产权的集合，海洋产权交易实际上是以各类涉海产权为交易对象，理论上也就不存在障碍了。

对于海洋产权集合内部的产权类型，可以根据经济社会发展的需要，根据各类产权主体的交易需求，按照实践性和可操作性的原则，以涉海资产的类型为基础，进行动态的界定和划分。从大类上来说，涉海资产可以分为以下几种类型。

1. 海洋资源资产：海洋资源是海洋中所蕴藏的各种物质资源的总称，通常指在海洋内外应力的作用下形成并分布在海洋地理区域内的、可供人类开发利用的自然资源。综合分析海洋资源自身的属性及现实的分类状况，可以将海洋资源分为五个基本部类，即海洋生物资源、海洋矿产资源、海洋化学资源、海洋空间资源和海洋能量资源[3]。

(1)海洋生物资源：海洋植物、海洋动物、海洋微生物。

(2)海洋矿产资源：滨海矿砂、海底石油、海底天然气、海底煤炭、大洋多金属结核、海底热液矿床、可燃冰。

(3)海洋化学资源：海水本身、海水溶解物。

(4)海洋空间资源：海岸带、海岛、海洋水体空间、海底空间、海洋旅游资源。

(5)海洋能量资源：海洋潮汐能、海洋波浪能、海流能、海风能、海水温差能、海水盐度差能。

2. 非资源性涉海实物资产：涉海企事业单位的厂房、机器、设备，临港产业的基础设施等。

3. 涉海企业或其他单位非实物资产：涉海企业或其他单位的股权、债权、票据等。

4.海洋知识与技术:如海洋科学技术应用的发明专利、涉海商标、著作权、版权等,涉海专有技术等。

5.海洋排污权、排放权。

上述类型资产的产权在现实中有些界定明确,规范其转让程序和制度不存在太多障碍,如一般实物资产及企业产权等;对于这些可以明确界定并存在市场交易范例的海洋产权,可以尽快争取交易的试点。而对于目前制度环境下存在界限模糊和利益冲突的海洋产权,则需要进行深入的理论研究并争取相应的政策支持,以推动其确权和进入交易的进程。

很明显,目前需要进一步探索和完善的主要是海洋资源资产产权,在这一领域广泛存在着潜产权[4]、寻租产权[5]以及产权冲突等问题。而恰恰是海洋资源这一类型资产的产权,最能体现海洋经济特色,因而也必将成为未来海洋产权交易中心最为重要的交易对象。海洋资源资产产权的明确界定,相关产权"权利束"的精妙设计,是开展名副其实的海洋产权交易的核心内容。但是,这些并没有现成的理论可供指导,只有依靠解放思想,深入开展海洋经济理论研究、海洋产权理论研究,才能最终实现理论创新和体制创新,实现海洋资源资产的顺畅交易和最优配置。

总之,海洋产权作为各类涉海产权的集合,包括海洋资源资产产权、非资源性涉海实物资产产权、涉海企业或其他单位非实物资产产权、海洋知识产权与技术、海洋排污排放权等。由于海洋产权涉及众多具有不同性质和交易复杂程度的产权类型,这些产权交易必须进行分类研究,并设计与其产权交易特征相适应的交易模式,才能有效降低产权交易成本,促进产权的顺畅流转。

三、海洋产权交易中心的经济意义

(一)推进海洋产权的界定和明晰,实现海洋产权制度创新

产权的界定和明晰是产权流转和交易的基础,也是资源有效利用和配置的前提。没有清楚界定或者边际模糊的产权,一方面会造成资源配置的低效率,因为每个经济主体都可能参与争夺产权不清的资源,从而导致资源的过度利用甚至枯竭;另一方面,面对这样的产权,交易者必然要加倍小心才能避免交易的潜在风险,产权的流转和交易成本将大大提高。

产权不清的问题在海洋资源领域尤为严重,这就造成了现有海洋产权交易的困难。产权可理解为资源稀缺条件下人们使用和配置资源的权利,其四种权能分别为所有权、占有权、支配权和使用权,其中所有权是产权结构中最根本的权利。目前,我国海洋资源产权不清问题主要表现为两个方面:一是国家作为

海洋资源所有者缺乏人格化和真实化的产权代表，弱化了其对海域所有权的支配力；二是现有海洋资源使用权被既有使用者随意占有，存在大量“无序、无度、无偿”利用海域的现象。这就导致了目前海洋利用的诸多弊端，如海洋生物资源衰退甚至枯竭、近海海域污染严重、海岸侵蚀加剧，以及海洋生态系统遭到破坏等。我国海洋资源性资产开发利用中出现问题的原因，就是海洋资源性资产产权制度安排不完善[6]。

海洋产权交易中心的建设，对于海洋产权的界定和明晰将起到极大的促进作用。海洋产权交易中心的最重要职能就是帮助各类市场主体实现海洋产权的交易和流转，为完成这一职能，必须在理论探索明确海洋产权的相关制度，并在实践层面积极推进这些制度的建设，从而加快海洋产权界定和明晰的进程。

（二）降低产权交易成本，提高海洋产权的配置效率

产权交易的障碍在于各类交易成本的存在。一般来说，产权的结构和特性越复杂，其交易成本就越高，流转起来就越困难。所以，相对于一般的实物资产产权交易而言，无形资产产权的交易就更加困难，而企业产权的交易则更为复杂。这些不同复杂程度的产权交易需要不同的制度来进行规制，从而降低其交易成本，促成交易各方的合作，使产权交易得以顺利实现。

产权交易中心可以在以下几个方面有效降低交易成本：

一是有效降低产权交易的信息搜寻成本。各类市场主体有了产权交易需求后，第一项任务就是进行产权交易的信息搜寻，即寻找合意的产权标的和交易对手，这一过程可能需要投入大量的时间和费用才能完成，这就是信息搜寻成本。如果依靠市场主体各自分散进行产权信息的搜集和整理，其成本无疑将是十分高昂的，而通过产权交易中心集中完成交易信息的分类整理和发布，则可以大大降低这一成本，为相关交易主体节约大量搜寻费用。

二是有效降低产权交易的谈判成本。产权交易的第二项任务是产权交易各方就交易的条件进行谈判，其中涉及交易的价格、标的物的性征、产权过户、付款方式以及违约责任等方面，其复杂程度依不同的产权类型可能存在极大差异。对于交易各方来说，如果将要进行的产权交易是其熟知的和经常性的交易，其谈判的成本就会很低，反之，则会存在较高的谈判成本。而产权交易中心则能够实现多数人互相之间偶然发生的事情变成少数人经常、专业做的事情，它使得交易过程更为清晰，并能够凭借对相关交易规则的熟悉而降低违规运作的概率，从而有效降低谈判成本。

三是低成本增强交易的可信性，从而促成产权交易各方的合作。信息不对称会破坏交易各方的相互信任，从而构成市场经济交易的重大障碍。所以，很多市场交易首先是在熟人之间完成的，这实际上用人际关系降低了交易风险；

但随着市场的扩大，要与陌生人做交易，交易标的也越来越复杂，这就需要各类中介机构的进入，如律师、会计师以及评估机构等，以有效降低法律风险、财务风险和估值风险等，最终完成交易。这样一个复杂的多方参与的过程，如果没有交易机构的组织，交易各方可能会付出很高的成本，原本有效率的交易可能因此无法达成。而通过交易中心的中介资源整合能力，则可以有效降低相关的法律成本、评估成本等，为产权交易的顺利进行创造条件。

（三）适应海洋产权交易的特殊性及蓝色经济发展战略的要求

海洋产权交易中心作为一种新型的产权交易组织，需要与其他产权交易中心区别开来，采取相对独立的机构和创新的交易模式。

一方面，由于海洋产权的涉海性质，与一般的实物产权、知识产权和企业产权相比，具有排他性困难和联系紧密等特征，行使相应财产权利时存在更多经济外部性以及利益冲突，在法律及估值等方面将更为复杂，其交易规则需要与其他种类的产权交易有所区别。因此，海洋产权交易必须针对海洋产权的特殊性进行相关交易程序、交易规则的设计，才能有效降低海洋产权的交易成本，实现海洋产权的顺畅流转。

另一方面，蓝色经济发展战略作为国家在21世纪的重要举措，必然涉及一系列的产业鼓励和扶植政策，如对国家鼓励和扶植的产业，降低相关的产权交易费率等。只有将海洋产权的相关交易整合到一个专业化的交易机构中，才能充分体现和发挥出政策的效力，同时也有助于及时发现问题，采取更为切实可行的鼓励政策，促进蓝色经济的发展。

四、海洋产权交易中心的功能定位

海洋产权交易中心是海洋产权市场发展的高级化形态，在海洋产权交易过程中具备信息集散、程序设计、合规性审核以及相关中介资源整合的功能，并通过上述功能有效降低海洋产权的交易成本，从而实现海洋产权的顺畅流转。海洋产权交易中心不是交易各方的交易对手，更不是中介机构，而是具有特定的交易润滑和审核功能的中立的第四方。建成后的海洋产权交易中心将成为与海洋产权交易相关的产权交易平台、产业投融资平台、企业孵化平台、产权登记托管平台，成为国内最重要的海洋产权交易中心、信息中心、结算中心。

具体一点，海洋产权交易中心应在以下几个方面发挥重要功能：推进海洋资源资产、涉海生产要素及涉海企业产权的交易和流转；盘活存量资产、优化增量投入，提供规范化投融资服务；企业增资扩股、企业重组、股权登记托管、财务顾问、管理咨询等配套服务业务；深入开展理论探索，推进海洋资源资产产权制度创新。

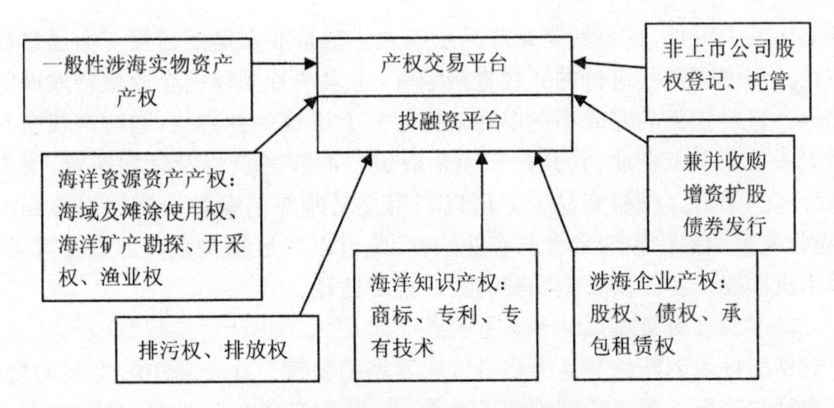

图1 海洋产权交易中心业务框架

五、海洋产权交易中心建设的主要原则

(一)海洋产权交易的专业化、规范化和信息化

专业化是指进入海洋产权交易中心交易的各项产权必须是涉海资源资产、涉海实物资产、涉海知识产权或者涉海企业产权等海洋产权,突出其交易的涉海专业性和特殊性。海洋产权交易中心要主动回避非涉海性质的产权交易,与其他产权交易中心进行明确的专业化分工,才能突出自身优势,逐渐成为专业化交易平台和服务机构。

规范化是指相关海洋产权交易必须置于明确的制度规则和交易程序之下,避免出现人为干预、违规操作等问题,从而保障海洋产权交易中心的市场信誉。交易中心必须在品种设计、交易规则、业务流程、合规性审核以及契约执行等方面进行规范化安排,对整个交易过程进行无空隙监控,防范交易过程中可能出现的违规违纪以及信息不对称问题。

信息化是指各类海洋产权交易必须进行规定的信息披露并对产权交易全过程进行实时的监测。因此,一方面要根据交易的特征和交易的进程,制定相应的信息披露规则,满足交易各方的信息需求;另一方面,要建立起自身的信息化监测体系,逐步实现对交易产权变动过程的全覆盖监管,使得产权管理工作由事后转向事中和事前,尽量减少纠错纠偏成本。

(二)突出产权市场的直接融资功能

实现各类海洋产权的顺畅流转是海洋产权交易中心的基本功能,也是海洋产权交易中心生存的基础,但这对于发挥海洋产权交易中心作为资本市场的功能来说仅仅是一个开始。在海洋产权交易中心不断发展过程中,必须不断突出其另外一项重要的任务,即融资功能。当前国内企业的融资主要是银行贷款和公开上市两个渠道，这显然是无法满足绝大多数企业发展的需要。而通过存量股权转让和增资扩股进行的股权直接融资，是未来若干年内企业融资发展的重要趋势。这一任务的完成不能单纯依靠公开上市这一种方式，通过产权交易中心来为非公开上市企业、尤其是中小企业进行股权融资以及债券融资，不失为一条合理的渠道。产权交易中心可以利用交易所在信息和协调组织方面的优势，吸收大量的机构投资者参与企业融资，既可以满足相关企业的资金需求，也可以为机构投资者提供安全和高回报的投资途径。

（三）不断创新交易品种和交易模式

交易品种的创新是交易中心可持续发展的关键。在交易中心发展的初期，交易品种的选择可能集中在涉海实物资产，以及涉海企业股权、涉海知识产权等成熟品种方面，这些产权的交易主要涉及存量资产的流转和交易，也是目前企业急需解决的产权交易需求。而海域使用权、海洋资源资产产权、沿海滩涂使用权等从属于海洋资源资产产权的交易，则需要在相关理论探索和制度创新的基础上，进行重点培养和推进。

而随着交易中心交易规模的不断扩张以及市场影响力的不断增强，必须借鉴国内外产权交易机构产品开发和运作的成功经验，积极进行海洋产权产品和交易模式的创新，从而促进产权交易中心不断向更高层次发展。从产权市场发展经验来看，从实物资产市场到无形资本市场是一个总的发展趋势。只有这样，产权交易中心的投融资服务、优化资源配置以及资产整合功能才会真正得到体现。这一过程表现在交易品种和交易模式的变化上就是交易品种的证券化、投资方式的证券化以及经济关系的证券化，因此，交易品种和交易过程的证券化是未来海洋产权交易创新的重要方向。

（四）政府主导，企业投资，市场化运作

由于海洋产权交易中心本身所提供的服务产权交易的功能具有很强的社会公共性质，海洋产权交易中心的组织形式宜采用非营利的事业制形式。同时，由于交易中心是在国家发展蓝色经济战略的背景下设立的，在运作过程中必然要体现出很强的国家政策性，而国家海洋产权交易的制度变革和政策制定正在进行中，这需要各级相关政府部门的强力推动，从而明确交易中心的政策空间和发展方向，因此，海洋产权交易中心的建设必须在政府密切监督和适时引导下进行。政府主导的事业制形式是海洋产权交易中心的必然选择，但在出资主体的选择上可以灵活一些，可以吸纳证券公司、信托公司、大型国有企业以及民营企业等资金参与，充分利用这些企业在市场交易经验、技术、客户资源、人才储备乃至于产品创新能力等方面的优势，甚至可以与其他产权交易所进行股权合作，这样可以较快地缩小差距，实现跨越式发展。

当然，产权交易中心的组织形式不是一成不变的。随着政策预期和市场前景进一步明确，监管逐步到位，交易中心运营进入正轨，采用公司制组织形式可能更有利于中心的业务拓展和法人治理结构的完善。归根结底，是市场需要决定组织的形式和组织的未来。

海洋产权交易中心从设立开始，就不可避免地面临着其他众多产权交易机构的竞争，因此必须通过服务水平的提高、内部管理的完善以及积极的市场开拓来获得竞争的优势；必须采取市场化的运作方式，面向各类产权主体的交易需求，在市场竞争中求得发展。

六、海洋产权交易中心建设的前期准备和研究工作

作为创新型的海洋产权专业交易平台，海洋产权交易中心的建设是一个循序渐进和务实提高的过程，一方面要注重满足各类经济主体既有的海洋产权交易需求，另一方面要不断探索新型海洋产权交易模式。这决定了海洋产权交易中心的建设，将是一个先易后难、分段推进的过程。在此过程中，需要做好以下前期准备和研究工作。

（一）海洋产权的类型及其交易方式

海洋产权的类型及其特征是设计产权交易模式的基础，不同类型的产权必须采取不同的交易规则和程序，才能够有效降低产权交易成本，提高产权的流转效率。因此，关于海洋产权类型及其交易模式的研究构成中心建设前期的主要任务。

首先是对上述几类海洋产权内涵和外延进行清楚的界定；在此基础上，对现有的产权交易规则、交易模式及交易惯例进行深入考察，明确现有海洋产权交易过程中的主要交易障碍和交易成本；探讨在现有法律法规条件及交易习惯下，破除交易障碍降低交易成本的可行途径；以降低交易成本、加速产权流转为目标，针对不同产权类型设计不同的产权交易模式。

以上研究内容的完成需要对海洋产权交易实际状况的考察和相关法律法规的梳理，并结合制度经济学进行理论分析，是前期工作中最为核心、最为困难，也是最具挑战性的部分。

（二）海洋产权交易中心的筹建方案

1. 筹建领导委员会和顾问咨询委员会的设立及人员构成、机构设置。产权交易中心的建设是一个系统工程，需要统筹各方力量循序渐进的展开，而筹建领导委员会的设立是项目启动的首要步骤。同时，由于海洋产权交易的复杂性和创新性，设立由海洋海事、法律、经济、环境、金融等方面专家组成的顾问咨询委员会也是不可或缺的，以随时帮助解决筹建工作中具体专业性问题。

2.海洋产权交易中心组织章程。组织章程是海洋产权交易中心的规范性和根本性制度，规定了其组织性质、职责、业务范围以及运营的基本原则、组织的治理结构等内容，是组织设立和运营的重要文件和基本依据。

3.海洋产权交易中心的部门设置和职能划分。产权交易中心部门设置是依据其具体职能而进行的，一般来说，以下几个部门是必不可少的：(1)综合部：负责行政、人事、财务、后勤管理。(2)产权交易部：负责业务咨询、项目登记审核、交易鉴证和交易文档管理。(3)股权托管部：负责未上市公司(包括有限责任公司)股权登记托管业务，并提供中小企业改制和融资服务。(4)市场发展部：负责经纪会员、非经纪会员和办事处管理，负责市场业务开发和区域市场的联络。(5)信息中心：负责计算机、网站管理和信息披露、交易统计，负责信息资源搜集、整理。

同时，产权交易中心可以根据业务发展的需要，设立如企业重组、咨询服务、企业孵化以及产权交易研发等相关部门，为中心的长期发展作相应的准备。

4.海洋产权交易中心的设施配备、人员编制及经费预算。为了顺利完成海洋产权交易中心的各项职能，需要配备相应的设备、人员以及提供相应的经费，这些要素的数量多少取决于交易中心可能的业务规模、交易模式以及未来的发展趋势，需要详细测算才能最终确定。

5.海洋产权交易的业务流程设计。海洋产权交易的业务流程必须在海洋产权分类及交易特征分析的基础上，针对其交易过程中可能存在信息问题及其他交易障碍，设计可行的、便捷的交易程序。对不同的职能和不同的产权交易，要分别进行设计。业务流程的设计需要对现有的法律法规、现有的习惯做法进行深入的考察和总结才能完成。

6.海洋产权交易中心会员管理制度。产权交易中心一般都实行会员代理制，即在产权交易所场内的产权交易，原则上委托产交所的会员代理。产权交易中心的业务发展快慢、业务规模大小在很大程度上受到交易中心会员管理能力的约束。因此，需要重视会员管理制度的建设，并通过不断提高会员管理能力、激发会员的参与热情来推动产权交易层次和规模的进步。

(三)海洋产权交易中心的业务发展规划

海洋产权交易中心的业务发展是一个从无到有、从小到大、从区域到全国的过程。因而在不同的时期，业务的重点会有所调整，使得交易中心在完成海洋产权流转这一基本职能的过程中，不断突出其投融资的功能，从而成为最重要的全国性涉海专业资本市场。

1.初期(1～2年)：重点实现非资源性涉海实物资产产权、涉海企业或其他单位非实物资产产权、海洋技术发明专利和专有技术等成熟产权的顺畅流转，探索排污权、排放权以及海洋资源资产产权的可行模式。

2. 中期(2～5 年):积极开展海洋资源资产产权、海洋排污排放权交易,突出产权市场的融资功能。

3. 长期(6～10 年):拓展海洋资源资产产权、海洋排污排放权交易规模和范围;推进产权市场与资本市场的融合,大力发展海洋产权的证券化交易。

七、结束语

海洋产权交易中心作为国内多层次资本市场的重要组成部分,是政府主导、市场化运作的涉海自然资源、生产要素、企业产权流转的资本平台。通过海洋产权交易中心的规范运作,将实现涉海国有资产保值增值、促进海洋产业投融资主体快速发展,成为推动蓝色经济发展的重要制度支撑。在今后国内财税金融、海洋资源、生产要素等整合力度必将进一步加大的背景和趋势下,海洋产权交易中心将发挥重要作用,其成功运作将直接并显著提升地区相关金融资源的吸纳能力、产业要素的整合能力和海洋经济发展的整体水平。

参考文献

[1] [美]柯里斯托夫·克拉格. 制度与经济发展[M]. 余劲松,等译. 北京:法律出版社,2006.

[2] 李飞星. 海域管理“产权悖论”对海洋资源的影响[J]. 开放导报,2010(4).

[3] 孙悦民,宁凌. 海洋资源分类体系研究[J]. 海洋开发与管理,2009(5).

[4] 黄少安,王怀震. 从潜产权到产权:一种产权起源假说[J]. 经济理论与经济管理,2003(8).

[5] 邢祖礼,刘传初. 寻租与中国转型经济的宏观特征[J]. 宏观经济研究,2010(3).

[6] 贺义雄. 经济学视角下我国海洋资源性资产开发利用问题的根源分析[J]. 海洋开发与管理,2009(8).

山东半岛蓝色经济区海洋产权交易中心建设问题研究

2013年7月30日，在中共中央政治局就建设海洋强国研究进行第8次集体学习会议上，习近平总书记强调："要提高海洋资源开发能力，着力推动海洋经济向质量效益型转变。发达的海洋经济是建设海洋强国的重要支撑。要提高海洋开发能力，扩大海洋开发领域，让海洋经济成为新的增长点。要加强海洋产业规划和指导，优化海洋产业结构，提高海洋经济增长质量，培育壮大海洋战略性新兴产业，提高海洋产业对经济增长的贡献率，努力使海洋产业成为国民经济的支柱产业。"

随着社会经济活动由内陆向海洋进一步延伸，界定明晰海洋产权关系用以调节利益分配、保护资源环境的市场需求和政策要求会进一步增强；而随着海洋产业相关技术创新和管理模式的发展，相关海洋产权的类别和权属也将进一步丰富和发展，对其采用政策调控和市场调节相结合的手段进行运作和监管是题中应有之意。在这其中，海洋产权交易中心的创设就是一个重大创新。

山东省依托山东半岛蓝色经济区建设国家战略的政策优势，借鉴国内外传统产权交易市场发展经验，建立以海域、海岛等使用权及其他海洋资源性资产交易为主，以海洋企业资产、海洋知识产权和海洋排污权等涉海产权交易为辅的海洋产权交易市场，是加快海洋高科技企业培育，提高海洋空间及资源利用效率，构建多样化的海洋产业资本市场网络，完善山东半岛蓝色经济区建设制度保障体系的重要手段。

一、烟台海洋产权交易中心建设可行性分析

（一）法律法规政策依据

2002年《中华人民共和国海域使用管理法》正式实施，建立了海洋功能区划、海域权属管理、海域有偿使用三项基本制度，明确规定海域属于国家所有，单位和个人使用海域从事开发活动，必须依法取得海域使用权。《海域使用管理法》的颁布实施是我国海洋管理的一个里程碑，是强化海洋综合管理的重大举措，为统筹安排行业用海，实现依法管海、依法用海提供了可靠的制度保障。

2007 年颁布实施的《中华人民共和国物权法》进一步确定海域使用权属于基本的用益物权。《中华人民共和国海岛保护法》、《中华人民共和国渔业法》、《中华人民共和国海洋环境保护法》及《山东省海域使用管理条例》、《山东省渔业资源保护办法》等法律法规为依法进行海洋产权交易提供了基本依据。

20 世纪 90 年代以来,《合同法》、《公司法》、《物权法》、《国有资产法》,以及《企业国有产权转让管理暂行办法》、《金融企业国有资产转让管理办法》、《企业国有产权交易操作规则》和《金融企业非上市国有产权交易规则》等一系列法律法规的出台,为国内产权市场的健康发展提供了法律保障。

国务院于 2011 年批复的《山东半岛蓝色经济区发展规划》将"促进海域使用权依法有序流转,创设海洋产权交易中心"作为重要的投融资政策纳入保障措施,并在国家发展改革委随后批复的《山东半岛蓝色经济区改革发展试点工作方案》中明确提出在烟台筹建以海域使用权交易为主的"海洋产权交易中心",启动了山东半岛蓝色经济区海洋产权交易市场建设。根据山东省委、省政府印发的《关于贯彻落实〈山东半岛蓝色经济区发展规划〉的实施意见》,由省海洋与渔业厅会同省国资委、烟台市政府负责创设海洋产权交易中心。省海洋与渔业厅是山东省海洋事务与渔业行政的主管部门,省国资委是山东省国有资产监管职能机构并具有建设发展山东产权市场的优势和经验,而烟台是山东半岛蓝色经济区核心城市之一,区位条件优越,三方共建海洋产权交易中心,资源互补,优势结合,可以高效建立起海洋产权交易制度体系,促进海洋产权交易市场的快速发展。

(二)建立烟台海洋产权交易中心的市场基础

近年来,海洋经济发展迅猛,海洋产权流转需求旺盛,要求科学、规范、高效利用海洋资源的呼声也越来越高。据统计,全国海洋产业总产值由 1978 年的 60 多亿元猛增到了 2012 年年底的 50087 亿元,较 2011 年增长 7.9%,占国内生产总值的比重为 9.6%(图 1)。山东省海洋经济总产值从 2002 年的 1732.3 亿元突破至 2011 年的 8231 亿元,年均增长率达 18.9%,占全省国民生产总值的比重达到 18.3%。海洋经济已经成为山东省社会经济发展的重要组成部分。2011 年,山东省共发放海域使用权证书 210 本,确权海域面积 10526.45 公顷,征收海域使用金 101169.47 万元;全省共办理海域使用权变更登记证书 33 本,面积为 6230.94 公顷。其中,转让 17 本,面积 873.35 公顷;续期 6 本,面积 158.03 公顷。

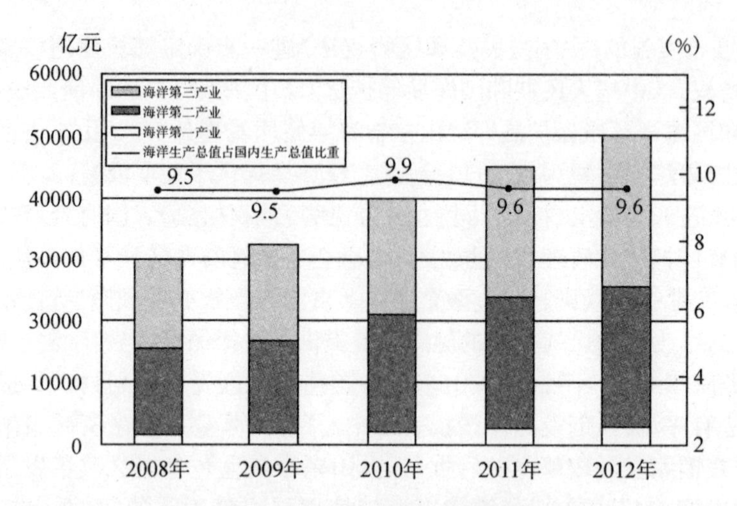

图 1　2008～2012 年全国海洋生产总值情况

（资料来源:国家海洋局网站）

以 2011 年数据分析,假定进入产权交易市场的海洋产业交易规模为其产值规模的 1%,仅山东省就能为海洋产权交易中心提供 80 多亿元的交易额,按照 0.2%的费率计算,海洋产权交易收费可达 1600 万元。单就海域使用权的出让和转让看,假定通过市场运作能使征收海域使用金增加 30%,达到 13 亿元,海域使用权转让交易金额 3 亿元,交易费用按交易额的 0.2%计算,则能产生 16 亿元的交易额、300 多万元的交易收费。随着海洋经济的发展和业务范围的扩展,烟台海洋产权交易中心的发展前景会越来越广阔。

(三)国内同类交易所的实践经验

2011 年 11 月,象山县海洋产权交易中心成立,成为国内首家海洋产权交易机构。2011 年 12 月,经国家海洋局批准开展海洋管理创新试点,得到国家海洋局的积极支持。该中心主要负责对象山县海域、海岛等海洋产权的使用、交易及流转等行为进行监督与管理,确保海洋产权有偿使用制度和公平交易原则的有效落实。根据海洋产权交易中心职责和海洋管理创新试点计划,该中心着力开展海域海岛权属和产权交易市场建设、海域海岛资源收储出让。目前,该中心组织开展了"象山县海域海岛基准价格测算"课题研究,下步重点开展海域海岛权属和产权价值评估与应用、海域海岛收购储备工作机制探索、收储海域海岛使用规划管控、海域海岛权属公开出让机制探索、海域海岛权属及其产权登记制度创新以及海域海岛二级交易市场和技术服务交易平台建设等六个方面的试点工作。

二、功能定位与发展战略

(一)功能定位

根据《山东半岛蓝色经济区发展规划》,创设海洋产权交易中心,促进海域使用权以及岸线、滩涂、海岛等开发使用权的依法有序流转,逐步建设成立足山东、面向东部沿海、辐射全国的海洋产权交易平台。实现以海域、海岛使用权为核心的各类海洋产权进场交易,为国家海洋资源可持续利用和海洋生态环境健康发展提供一个有效的创新工具,为山东省的海洋创新型企业提供投融资服务,为政府履行职能提供公开、公平、公正的阳光服务平台,成为山东半岛蓝色经济区建设的重要保障。

(二)指导原则

1. 坚持政府引导,市场运作原则。海洋产权交易中心建设离不开政府的支持,财政投入、政策支持是推进海洋产权交易中心建设的前提和保障;为保证产权交易的公平、公正、公开,实现资产价值的最大化,海洋产权交易应采取政府监管、市场化运作的模式。

2. 坚持海域海岛使用权交易为主,其他海洋产权交易为辅的原则。海域和海岛使用权交易是海洋产权交易中心建设的重点和核心,先试先行。待条件成熟后,将海洋企业资产、海洋资源开发权、海洋知识产权、海洋排污权等其他海洋产权逐步纳入交易范畴,加速活跃和做大海洋产权交易中心。不仅能突出海洋产权交易中心的海洋特色,也有助于综合性、专业化的海洋产权交易市场网络构建。

3. 坚持统一规划,分散经营的原则。海洋产权交易中心机构建设应以烟台海洋产权交易中心为中枢,结合海洋、发改、财政、金融、税务、工商以及知识产权等部门职责,对海洋产权交易中心的软硬件建设、区域布局与分工进行全省统一规划,确立海洋产权交易中心的整体运营与监管网络架构。同时,结合沿海各地的不同市场需求,运用已建立的产权交易机构,构建一个集中管理、分散经营、统一协调、互为补充的半岛蓝色经济区海洋产权交易网络。

4. 坚持专业、规范与开拓、创新相结合的原则。

专业化指进入海洋产权交易中心的各项交易必须是海洋资源性资产、涉海实物资产、涉海无形资产或者海洋企业资产等产权的交易,突出其交易的涉海专业性和特殊性。

规范化指相关产权交易必须置于明确的制度规则和交易程序之下,避免出现人为干预、违规操作等问题,从而损害海洋产权交易所的市场信誉。规范化是产权交易中心不断开拓业务的关键。海洋产权交易中心必须在业务流程、交易规则、平台规范、人员管理中加入廉洁从业、防范商业风险和道德风险的相关内容，在交易机构内部设置监察部门等，有效提高整个产权交易过程的规范性。

随着海洋产权交易中心交易规模的不断扩张以及市场影响力的不断增强，必须借鉴国内外产权交易机构产品开发和运作的成功经验，积极进行海洋产权产品和交易模式的创新，从而促进海洋产权交易所不断向更高层次发展。

（三）经营理念与发展战略

海洋产权交易中心的建设发展可分三步走。

第一步，发挥职能作用，搭建交易平台。省海洋与渔业厅主管全省的海洋事务和渔业行政两大职能，担负着规范海域和海岛管理、加强海洋环境保护、发展现代渔业等职责。设立之初，从省海洋与渔业厅主管的涉海资源入手，开展以海域、海岛使用权及其他海洋资源性产权为主的交易业务；从主管部门职能范围的、比较成熟的业务入手，既能为主管部门更好地履行其服务职能，又能保证海洋产权交易中心设立之初能快速开展业务。在此基础上，尽快建立和完善各项管理制度和业务规则，建立和完善信息系统、监测系统和会员系统，初步搭建满足半岛蓝色经济区需要的海洋产权交易中心框架。

第二步，实现股权多元化，发挥已有机构作用，最大限度地争取入场资源。在业务不断增加、功能逐步完善、市场效应逐步显现和社会影响力不断增强的基础上，吸引沿海地市以及其他涉海职能部门参与海洋产权交易中心建设，并通过对现有已设立产权交易机构授权、新设分支机构等方法，最大限度地争取政策支持，吸引更多资源入场，充实业务职能，建立更加广泛的业务网络，建设更加规范、活跃、完善的海洋产权交易平台。加快我省海洋产权交易体制机制建设，加快海域使用权、海岛使用权、海洋资源开发权和海洋知识产权的流转与高效利用，拓展海洋开发的广度和深度，为半岛蓝色经济区建设营造良好的投融资市场环境。

第三步，打造国家级海洋产权交易中心，为全国的海洋产权交易服务。协调国务院各部委，争取政策支持，构建以山东半岛为核心的全国海洋产权交易市场网络，打造面向国际市场，集海洋资源、环境和知识产权交易，海洋企业资产流转于一体的国家海洋产权交易中心，推动国家海洋资源的可持续利用进程。

三、业务运营与交易安排

（一）业务范围和交易品种

1. 业务范围和交易品种。海洋产权交易中心的主要业务范围是以海域、海岛等使用权，海砂、矿产等海洋资源开采权及渔船、轮船等为标的的产权交易业务，核心业务是海域使用权的出让和转让。根据业务主管部门需要，海洋产权交易中心既可做好二级市场交易业务，也可做好一级市场授权业务。此外，海洋产权交易中心还可开展涉海实物资产、涉海无形资产、海洋企业资产等产权的交易，以及海域使用权质押、企业投融资服务、财务顾问、管理咨询等配套服务。

2. 重点交易平台建设。

(1)海域、海岛使用权出让平台。重点对海域海岛使用权通过招标、拍卖、挂牌方式出让，逐步探索海域海岛使用权续期的出让方式，规范海域海岛使用权出让行为，优化海域海岛资源市场配置，建立公开、公平、公正的海域使用权出让平台。

(2)海域海岛使用权流转平台。重点针对工矿企业用海用岛、城市建设用海用岛、养殖用海等具有流转功能的海域、海岛使用权，搭建专业的信息发布和交易平台，提高海域海岛使用权的合理流转和利用效率。

(3)海洋资源开发权交易平台，重点推进海砂等海洋矿产资源开发利用权的市场化交易进程，推动海洋资源开发的市场化，促进海洋资源的可持续利用。

(4)海洋知识产权交易平台。重点针对海洋科技成果转让和孵化，创新海洋科技成果开发与转化机制，促进海洋技术与知识产权向企业的流动和转化，为创新型海洋企业的孵化与成长壮大提供集成服务。

(5)海洋排污权交易平台。探索海洋排污权交易、有偿使用和交易试点，结合海洋环保技术交易和海域生态功能恢复技术开发，采用市场化手段推进海洋污染物减排和海洋生态环保产业发展。

(6)国际海洋产权交易平台。依托中日韩区域经济合作试验区和中外合作特色园区建设，拓展与国外产权交易机构的合作，加强与境外资本市场的沟通合作，吸引国际知名风险投资机构和投资基金参与半岛蓝色经济区建设，提高海洋产权交易中心的对外开放度。

(二)交易模式

海洋产权交易中心建设必须遵循产权市场的发展规律，在业务模式和制度安排上应该在现有产权市场的制度规则基础上来制定。对于一些创新的业务品种，可以根据各主管部门的业务监管需要进行适度的创新，作出特别规定。

1. 交易制度。在国家政策和各主管部门的管理规范框架下，首先制定合理且具有可操作性的“海洋产权交易管理办法”和“海洋产权交易规则”，对海洋产权交易的具体事项，包括市场准入、信息披露、代理交易、交易程序、交易方式、产权定价等方面，总体上进行规范，确保海洋产权交易的合法、公正。在此基础上，根据业务需要，对信息披露和报送、会员管理、资金结算、收费标准等重要问题制定更加详细具体的管理制度，并对特殊业务品种制定特殊交易规定。

建立强制性信息披露的最低标准，将电子化信息系统作为信息披露平台，形成立体式的信息披露系统，同时建立信息披露失真的惩处机制，确保信息披露的及时性、完整性和真实性。

建立会员管理制度，实行分类管理和星级评定制度。明确综合类、经纪类、服务类会员的进场资格和业务范围、管理办法。着力引进国内外著名的金融机构、投资公司、风险基金以及审计、评估、招标、拍卖、法律服务等中介机构，推动海洋产权交易的顺利实施。

在市场评估基础上，考虑相关利益方及海洋资产的生态服务价值，通过受让条件设定、主管部门前置审批等制度，结合市场定价与政府评估相结合的原则，针对不同的海洋产权类型，建立灵活的产权定价机制。

2.业务模式。海洋产权交易业务流程参照传统产权交易流程进行，一般按照受理挂牌申请、发布挂牌公告、登记受让意向、组织交易、签约成交、资金结算、出具凭证的程序进行。在现实运作中，可根据不同的海洋产权类型交易特点，对其基本流程进行简化和修改，以适应不同发展阶段和不同地区对海洋产权交易市场的需求。

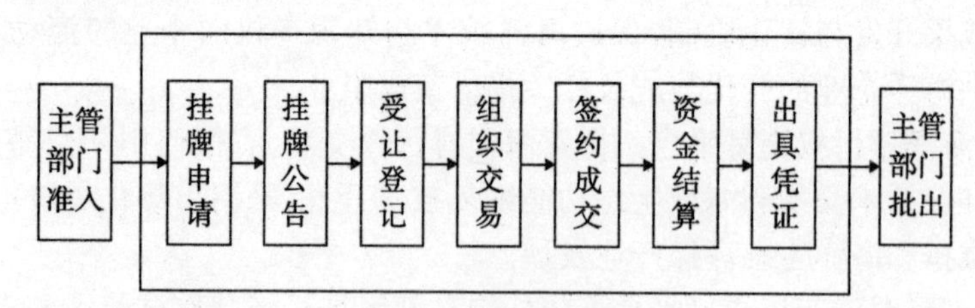

图1　交易流程图

交易方式原则上采取公开交易方式，包括拍卖、招投标、网络竞价、协议转让等。可根据主管部门要求、交易方申请、交易标的特征等选择确定不同交易方式。

海洋产权交易中心交易实行会员代理制，禁止交易双方直接交易，必须书面委托海洋产权交易中心会员进行，会员根据产权交易机构规定向委托方收取代理佣金。

四、组织架构

(一)组织形式、名称及注册地点

海洋产权交易中心拟采用有限责任公司的组织形式，公司拟申请工商预核准的名称为“烟台海洋产权交易中心有限公司”，注册地在烟台市。

（二）出资人

海洋产权交易中心采取省市共建模式，具体出资人由省国资委和烟台市政府分别确定。省国资委确定的出资人为山东产权交易中心；烟台市政府确定的出资人为烟台市城市建设发展有限公司和烟台市国有资产经营公司。

五、市场监管、业务指导和风险防控处置

（一）市场监管和业务指导

加强管理制度建设，强化监督和管理，是保证海洋产权交易中心顺利建设与运行的关键。海洋产权交易中心的交易规则等运行制度应在各业务监管部门的指导下制定，其内部管理制度，应根据公司章程由公司股东会和董事会制定。海洋产权交易中心的监督管理机制，应根据省政府相关规定及文件确定。省海洋与渔业厅主要负责业务指导，包括业务准入、交易规则把关、技术指导等；省国资委代表省政府行使国有资产监管职能。

（二）风险防控

1. 设立风险控制委员会，主要由律师和行业专家组成，行业专家可外聘。风险控制委员会是独立的风险控制部门，负责制定风险控制制度，审查业务风险，并就业务开展和领导决策提出风险审查意见和决策建议。风险控制委员会，主要由海洋产权交易中心领导、律师、行业专家组成。

2. 建立风险识别机制和争议协调机制，及时识别、化解和处理业务风险。通过规范的风险识别机制，及时识别海洋产权交易中心可能遇到的法律风险、政策风险、操作风险等各种风险及其程度，判断可能对海洋产权交易中心造成的影响，并及时进行防范、化解。争议协调机制，主要是通过调解、专家评审、向主管部门征询意见等方式及时、公正地解决业务中出现的争议争端。

3. 不断完善交易制度和管理制度，提高业务人员和会员素质。通过不断完善交易制度和管理制度，保障交易依法、规范进行。注重业务培训和会员管理，提高业务人员和会员素质，提高风险意识和风险防控能力，避免操作风险和道德风险。

（三）保障措施

1. 协调区域利益冲突，合理布局海洋产权交易市场平台建设。建立相关部门、地市间的沟通机制。协调相关部门和沿海七市的利益诉求，构建协调统一、特色鲜明的海洋产权交易网络。整合现有的产权交易机构及其人力和技术资源，分别在青岛、威海、潍坊、东营、滨州、日照等地规划建设海洋产权交易分支机构，推动全省一体化发展的海洋产权交易市场体系和信息共享网络平台建

设。

2.搭建网络平台,完善海洋产权交易中介服务体系建设。充分发挥网络资源优势,构建海洋产权市场电子交易和网络服务平台。加快投资银行、信用评级机构以及做市商等交易主体的引进和培育工作,创新评估、拍卖、会计、律师等海洋产权交易服务体制,完善信息传播、咨询顾问、法律服务、财务审计、资产评估、融资服务、信用评价等中介服务体系,为海洋产权交易和海洋中小企业发展提供一个高效的专业服务平台。

3.创新体制机制,突出海洋产权交易中心服务功能。将海洋产权交易中心纳入半岛蓝色经济区多层次资本市场体系建设,对接不同企业对资本市场的不同需求,增强资本市场的服务功能,并作为海洋中小企业重要的投融资平台加以重点推动。创新金融管理体制,探索建立与国际知名投资银行、私募基金和其他经济组织的长期合作机制。在符合国家政策前提下,建立境外资本参与的海洋产权交易服务平台,通过产权交易及附带的管理咨询服务来提升半岛地区的海洋企业国际竞争力,加快海洋产权交易的国际化。

4.设立海洋产权投资基金,强化政府的引导作用建立山东半岛蓝色海洋产权投资基金,以财政资金投入作为海洋产权投资基金的种子资金,吸引民间与社会资本投入,并结合海洋风险投资基金,引导资金流向海洋资源开发和海洋新兴产业培育领域。政府投入主要起到引导和奖励作用,作为一种吸引风险投资和社会闲置资金投入的公共基金,除了保值和滚动发展外,不以赢利为目的。海洋产权投资基金前期投入以财政资金为主,采用市场化运作方式,委托专业基金管理公司和具有丰富资本运作经验的基金管理人进行管理,主要作用是加速海洋产权的合理流转,引导资金向海洋高科技产业领域流动,促进海洋新兴产业的培育。

5.大力培育私募股权基金,拓展海洋企业投融资渠道。针对海洋资源开发的高风险和高投入特点,大力发展私募股权等投资机构,活跃产权市场交易,拓展海洋资源开发的投融资渠道,实现产权市场和PE资本合作的双赢局面。海洋产权交易市场应专门建立针对私募资本的项目信息披露和产权公开挂牌转让竞价机制,建立灵活的私募资本投入和退出渠道,提高私募资本的交易成功率和私募资本的增值比率。除了灵活的海洋产权市场交易政策外,政府还应出台鼓励私募股权发展的税收和财政补贴、奖励机制,引导私募资本参与海域使用权、海洋排污权和海洋资源开发权交易,为海洋中小企业培育和发展提供灵活多样的资金支持,加快海洋产业结构优化调整步伐,推动半岛蓝色经济区建设战略的顺利实施。